法則がわかる 力　学

遠藤雅守 著

裳　華　房

MECHANICS

— Insights into the Laws and Theorems —

by

Masamori ENDO, DR. ENG.

SHOKABO

TOKYO

JCOPY 〈社出版者著作権管理機構 委託出版物〉

は　じ　め　に

$$F = ma$$

　上の式は，「物体の加速度は加えられる力に比例し，質量に反比例する」という，いわゆる「ニュートンの運動の法則」を表しています．実に簡潔な関係式ですが，私たちが本書で学ぶ「ニュートン力学」はたったこれだけの事実を基本公理として成り立っています．それにもかかわらず，私たちの身の回りで起こる，実に多くの現象がニュートン力学で説明可能です．それは物体が動く，止まる，つり合う，支えるなどといった想像が容易なものだけではありません．流体力学も，熱力学も，その基本方程式は原子が $F = ma$ というルールに従うところからスタートしているのです．しかし，観測される現象と $F = ma$ の関連は自明ではありません．そのため，ニュートン力学には，基本公理と現象を結ぶさまざまな概念があり，現象の理解と説明を容易にしてくれています．それらは例えば「力学的仕事」，「エネルギー」，「力積」，「運動量」，「慣性力」，「角速度」，「角運動量」などの概念と，それらを結ぶ公式として教えられます．

　ところが，最近の学生気質で気になるのが，「この問題はどの公式を当てはめたらいいか教えて下さい」という質問を少なからず受けることです．いつの間にか，物理学が一種の暗記科目になってしまったようです．確かにニュートン力学にはさまざまな公式がありますが，これをただ憶えるのでは面白いはずがありません．ニュートン力学は，「運動の法則」からスタートして，そこから導かれるさまざまな「物理量」，そして物理量を結ぶ「定理」，そして定理を数式に表した「公式」が登場します．公式は，ある種の問題を，運動の法則を直接適用するよりもはるかに容易に，直感的に理解する手助けとなりますが，すべての定理，すべての公式が $F = ma$ とつながっていることを忘れてはいけません．そして，物理学における「センス」というものがあるとすれば，それは第一原理と現象を結ぶさまざまな公式のラインを縦横に行ったり来たりできる能力，そしてそれをあたかも地図を見るように俯瞰できる能力を指すのではないかと思っています．これは，暗記することとは対極にある高度に知的な活動であることには同意していただけるでしょう．

　本書は，大学初年次の教育を念頭に置いた，比較的容易なニュートン力学の入門書です．その意味では，本書は類書と比べて特別な内容をもっているわけではありません．本書の特徴を挙げるなら，それは問題を解くことにより法則の理解を深める進め方にあると思います．これは，物理を理解しているかどうかを判断するには，問題を解かせるのが一番という著者の信念に基づくものです．これだけ聞くと当たり前，と思うかもしれませんが，単純に公式の当てはめでは解けない，工夫された問題を与えたとき，成績のよい学生がむしろ上で述べたような質問を投げかけてくるのです．

iv　はじめに

　本書では，日常見られる現象をなるべく多く取り上げました．本書のゴールは，これらの現象がニュートン力学のどの公式と関連していて，それをどう使ったら問題が解決できるかを読者の皆さんが自分で発見できるようになることです．本書を通じて，難しいのは公式から答を導くことではなく，ある問題がニュートン力学のどの概念と関係しているか，という判断であることに気づいてほしいと思います．本書で学んだ皆さんが「物理学は暗記科目ではない」と納得できれば，著者の苦労が報われます．

　本書執筆のきっかけを与えて下さった三浦信幸氏に感謝します．本書の練習問題の多くは，東海大学理学部，工学部の基礎教育の講義で出題するために考案したもので，学生諸君からのフィードバックは大変参考になりました．最後に，本書の内容全般にわたり詳細なチェックを担当してくれた東海大学理学部物理学科遠藤研究室の学生諸君に感謝します．

　2018 年 4 月

著　者

目　　次

第1章　ニュートン力学の前に

1.1　物理量 …………………………… 1
　1.1.1　物理量の定義 ………………… 1
　1.1.2　ベクトル量とスカラー量 …… 2
　1.1.3　ベクトル量の演算 …………… 3
1.2　座標系 …………………………… 6
　1.2.1　座標系の定義 ………………… 6
　1.2.2　ベクトル量の成分表示 ……… 8
1.3　微分と積分 ……………………… 10
　1.3.1　スカラー量の微分・積分 …… 10
　1.3.2　偏微分 ………………………… 14
　1.3.3　ベクトル量の微分 …………… 14
章末問題 ……………………………… 15

第2章　運動の法則

2.1　速度・加速度 …………………… 19
2.2　運動の法則 ……………………… 22
2.3　運動方程式 ……………………… 24
章末問題 ……………………………… 25

第3章　さまざまな力と運動

3.1　重力 ……………………………… 28
3.2　垂直抗力 ………………………… 30
3.3　ばねの復元力 …………………… 32
3.4　摩擦力 …………………………… 33
3.5　ひもの張力 ……………………… 35
3.6　速度に比例する抵抗力 ………… 37
章末問題 ……………………………… 40

第4章　仕事とエネルギー

4.1　力学的仕事 ……………………… 45
4.2　運動エネルギー ………………… 47
4.3　保存力・非保存力 ……………… 48
4.4　ポテンシャルエネルギー ……… 51
4.5　力学的エネルギー保存則 ……… 53
4.6　非保存力とエネルギー保存則 … 55
章末問題 ……………………………… 57

第5章　力積と運動量

5.1　力積 ……………………………… 59
5.2　運動量 …………………………… 60
5.3　運動量保存則 …………………… 61
5.4　衝突 ……………………………… 63
　5.4.1　撃力近似 ……………………… 63
　5.4.2　はね返り係数 ………………… 65
　5.4.3　弾性衝突，完全非弾性衝突 … 67
　5.4.4　多次元の衝突 ………………… 70
章末問題 ……………………………… 71

第6章　中心力による運動

6.1　円運動を表す諸量 ······················ 73
　6.1.1　角速度，角加速度 ················ 74
　6.1.2　デカルト座標で表す円運動 ······· 75
6.2　向心加速度・向心力 ···················· 76

6.3　万有引力と惑星の運動 ·················· 79
　6.3.1　ケプラーの法則と万有引力 ········ 79
　6.3.2　万有引力の下での運動 ············ 82
章末問題 ····································· 84

第7章　振動運動

7.1　円運動と単振動 ························· 86
7.2　単振動の速度，加速度 ·················· 88
7.3　単振動の運動方程式 ····················· 89
　7.3.1　運動方程式を解く ················· 89

7.3.2　単振動の例 ························· 90
7.4　減衰振動 ······························· 93
7.5　強制振動 ······························· 96
章末問題 ····································· 98

第8章　慣性力

8.1　慣性系と非慣性系 ······················100
8.2　等加速度運動する非慣性系の例 ········102
8.3　回転する座標系と慣性力 ···············105
　8.3.1　遠心力 ·····························105

8.3.2　コリオリ力 ·························107
8.4　回転運動する非慣性系の例 ·············110
章末問題 ····································112

第9章　質点系の運動

9.1　質点系の運動方程式 ····················116
　9.1.1　質量中心 ·························116
　9.1.2　質量中心の運動方程式 ············119
　9.1.3　質量中心と運動量保存則 ·········120
9.2　2質点系の運動 ·························123

9.2.1　相対位置，換算質量 ···············123
9.2.2　惑星の運動 ·······················124
9.2.3　ばねに取りつけられた2質点 ······125
章末問題 ····································127

第10章　角運動量とトルク

10.1　角運動量とトルク ····················129
　10.1.1　角運動量 ······················129
　10.1.2　トルク ························130
10.2　角運動量保存則 ·······················132
　10.2.1　角運動量と運動方程式 ············132
　10.2.2　角運動量保存則 ··················134

10.3　静止平衡 ·····························137
　10.3.1　剛体の静止条件 ················137
　10.3.2　重力のトルク ··················138
　10.3.3　安定なつり合いと不安定な
　　　　　つり合い ······················140
章末問題 ····································142

第 11 章　剛体の回転運動

11.1　剛体の回転と運動方程式……………145

　11.1.1　剛体の回転………………………145

　11.1.2　回転運動の諸量と 1 次元の運動
　　　　　の対応……………………147

11.2　慣性モーメント………………………149

　11.2.1　慣性モーメントの計算…………149

　11.2.2　平行軸の定理……………………152

11.2.3　直交軸の定理……………………154

11.3　回転運動の例…………………………155

11.4　剛体の平面運動………………………156

　11.4.1　剛体の平面運動の運動方程式……156

　11.4.2　転がり運動………………………157

　11.4.3　斜面を転がる運動………………159

章末問題……………………………………160

章末問題解答……………………………………………………………………………162

参考文献…………………………………………………………………………………177

索　　引…………………………………………………………………………………178

コ ラ ム

微分と積分の関係を直感的に理解する ……………………………………… 16

物理量と単位と次元……………………………………………………………… 17

ニュートン力学とラプラスの魔………………………………………………… 26

線形微分方程式の一般的解法…………………………………………………… 42

慣性力フローチャート…………………………………………………………… 114

万有引力と慣性力と一般相対性理論…………………………………………… 114

「猫ひねり」の物理 ……………………………………………………………… 143

第 1 章
ニュートン力学の前に

　本章では，ニュートン力学を学ぶ前に，必要となる基礎的な知識を再確認する．そのうちいくつかは物理学に関するものだが，多くは数学に関するものである．中には，ベクトル同士の積など，まだ習っていない概念もあるかもしれない．しかし，それらは大学の1年目には習得する知識である．知らないことがあったとしても慌てず，本書で予習しておこう．

1.1 物 理 量

1.1.1 物理量の定義

　物理量とは，「基準があって，大きさがその基準の何倍かで測れる量」である．例えば，「温度」は物理量だが，「暑さ」は人によって感じ方が違うので，これは物理量ではなく，物理学が取り扱う対象とはならない．「長さ」「質量」「時間」は典型的な物理量で，ニュートン力学においても最も重要な物理量である．物理量の大きさの基準は**単位**とよばれる．単位の大きさは任意であるが，現代の標準的な単位系では長さの基準が**メートル** [m]，質量の基準が**キログラム** [kg]，時間の基準が**秒** [s] である．

One Point 物 理 量

　「物理量」とは，基準があって，大きさがその基準の何倍かで測れる量である．物理学は物理量を対象とする学問である．物理量の基準は「単位」とよばれる．

例題 1.1　次に挙げる量は「物理量」かそうでないか検討しなさい．

（ア）　あるクラスの，生徒全員の身長の合計．

（イ）　あるクラスにおける，痩せすぎの生徒の割合．

（ウ）　あるクラスの，生徒全員の先生に対する好感度．

【解答】　（ア）　明らかに物理量．

（イ）　基準を定量的に定義すれば物理量となる．

（ウ）　現代の物理学では，これは物理量とは定義しない．

【解説】（ア）「身長」は計測可能な量だから，どんな対象であってもそれは物理量である．
（イ）ある人がどの程度太っているかがきちんと物理量から定義されれば，「痩せすぎ」も物理量となりうる[†1]．しかし，どこからが「痩せ過ぎ」かという定義には医学や美容などさまざまな要素がからみ，基準を決め，その何倍以下を「痩せすぎ」と定義することは困難である．それゆえ，これを物理量とするのは難しいだろう．
（ウ）「好感度」は，現代の科学では明確な基準を決め，それを数値にすることはできない量である．「多い」「少ない」の区別はつくが，数値で表せないような量は**定性的**という．一方，物理量は，基準の何倍かを数値で表せるので，これを**定量的**という．遠い将来は，脳の活動から相手にどの程度好感をもっているかを定量的に知ることができるだろうか． ◆

1.1.2 ベクトル量とスカラー量

多くの物理量は**スカラー量**か**ベクトル量**に分類される[†2]．スカラー量は「大きさだけで表される量」で，先ほど挙げた「長さ」「質量」「時間」はいずれもスカラー量である．一方，「ベクトル量」とは，「大きさと方向をもつ物理量」である．運動する物体の「速さ」はスカラー量だが，「速度」はベクトル量である．その違いは，「速度」には，「どれほどの速さで」「どちらの方向に」向かっているかという両方の情報が含まれる点である．一方，「質量」のようなスカラー量には，本質的に「方向」という情報が存在しない．

> ***One Point*** **スカラー量とベクトル量**
> 大小の「大きさ」だけで表せる量を「スカラー量」とよぶ．一方，「大きさ」と「方向」の情報をもつ物理量を「ベクトル量」とよぶ．

一般に，ベクトル量を表すときは矢印を使う．図1.1のように，ベクトル量の大きさを矢印の長さに，方向を矢印の向きとして表現する．このとき，基準となる長さは任意に決めて構わないが，考えている範囲で，ベクトル量の大きさが紙面からはみ出さないように配慮する．

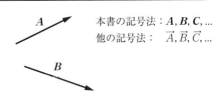

図 1.1 ベクトル量の矢印表記とベクトルの識別

ベクトルを記号で識別する方法には，主に2種類の流派がある．1つは $\vec{A}$，$\vec{B}$ のように記号に矢印をつける方法，もう1つは $\boldsymbol{A}$，$\boldsymbol{B}$ のように太字で表す方法である．本書では太字流を採用しよう．また，ベクトル $\boldsymbol{A}$ の大きさを表すスカラー量は，$|\boldsymbol{A}|$ のように絶対値記号を使い表す方法と，A のように対応する細字の記号を用いる方法がある．本書では後者の方法を採用しよう．

---

†1 例えば，BMI（Body Mass Index）という定義が有名．
†2 高度な物理学では「テンソル」という行列のような物理量があるが，本書では扱わない．

例題 1.2 以下に挙げる物理量を，ベクトル量とスカラー量に分類しなさい．
（ア） ポテンシャルエネルギー　（イ） 運動エネルギー　（ウ） 圧力　（エ） 運動量
（オ） 重力　（カ） ばねの復元力

【解答】　スカラー量 = （ア），（イ），（ウ）
　　　　ベクトル量 = （エ），（オ），（カ）

【解説】　エネルギーはスカラー量，力はベクトル量である．物理量がスカラーかベクトルかを決めるのはその次元(→ p.17 コラム)のみで，「どんなエネルギー」であるとか「どんな力」であるかは関係ない．ばねの復元力は「押す」か「引く」しかないのでスカラー量に思われるかもしれない．しかし，その力は3次元空間ではある方向をもっている．我々は，運動が1次元に限られるとき，ベクトル量をスカラーとして扱うが(→ 1.2.1項, p.6)，物理量の本質としてはベクトル量なのだ．一方，「圧力」は言葉の上では「力」だが，これはスカラー量である．容器に入った水は，容器の面に垂直な力を及ぼす．このとき，面を押す力はベクトル量だが，圧力は面のないところにも存在するスカラー量である．運動量の定義と意味については第5章で学ぶ．　◆

1.1.3　ベクトル量の演算

　続いて，ベクトル量の演算について考える．ベクトル量も，スカラー量と同じような演算操作が可能だが，ベクトル量には向きがあるのでそのルールは少々複雑である．初めに注意することは，ベクトル量がもつ情報は「大きさ」と「方向」だけなので，それがどこにあっても物理的な意味は同じ，ということである．したがって，ベクトルは自由に平行移動させることができる．

　ベクトル A と B の足し算 $A + B$ は，図1.2のようにベクトル A の終点とベクトル B の始点をつなぎ，A の始点と B の終点を結んだものとする．

　引き算は「マイナスのベクトルを足す」という考え方で実行する．マイナスのベクトルとは，あるベクトル A と大きさが同じで逆方向に走るベクトルで，$-A$ と書く．したがって $A - B$ は図1.2のように計算される．

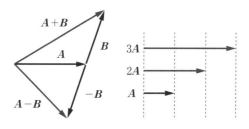

図1.2　ベクトルの和・差およびスカラー倍

　次に，「ベクトル量のスカラー倍」を定義する．これは，素直にあるベクトル A と同じ方向で大きさが2倍のベクトルを $2A$，3倍のベクトルを $3A$ とする．割り算は，逆数の掛け算で定義できる．

　続いて，「ベクトル量とベクトル量の積」について考える．ベクトル量同士の積には**内積**と

外積という2つの演算が定義されており，どちらも力学の法則と深い関わりをもつ．

内積の数学的な定義は以下のようなものである．

One Point **内　積**

ベクトル A とベクトル B の内積はスカラー量 C で，その大きさは
$$C \equiv AB\cos\theta \tag{1.1}$$
である．ここで，θ は A と B がなす角である（図1.3）．内積は，数式では
$$C = \boldsymbol{A}\cdot\boldsymbol{B} \tag{1.2}$$
と書かれる．

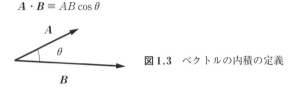

図1.3　ベクトルの内積の定義

内積は，答がスカラー量になることから「スカラー積」とも，「ドット」記号で表されることから「ドット積」ともいわれる．本書では，第4章「仕事とエネルギー」で内積が登場する．

一方，外積の数学的定義は以下のようなものである．

One Point **外　積**

ベクトル A とベクトル B の外積はベクトル量 C で，その大きさは
$$C \equiv AB\sin\theta \tag{1.3}$$
である．ここで，θ は A と B がなす角である．ベクトルの向きはベクトル A と B を含む面の法線で，A から B へ右ねじの方向とする．外積は，数式では
$$\boldsymbol{C} = \boldsymbol{A}\times\boldsymbol{B} \tag{1.4}$$
と書かれる．

文章ではわかりにくいので，図1.4に A, B, C の関係を表す模式図を示した．外積は，答がベクトル量になることから「ベクトル積」とも，「クロス」記号で表されることから「クロス積」ともいわれる．この，一件珍妙な演算は，角運動量，トルク（→第10章）など「回転」が関わ

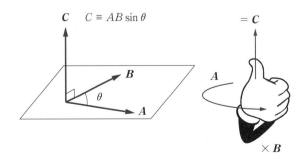

図1.4　ベクトルの外積の定義と，その図式的表現．右手を A から B の方向に握り，親指が向いた方向が C の方向となる．

る概念で重要な役割を演じる．

例題 1.3 ともに大きさがゼロでないベクトル $\boldsymbol{A}$ と $\boldsymbol{B}$ の内積を取ったところ，ゼロになった．これは $\boldsymbol{A}$ と $\boldsymbol{B}$ のどういう関係を表すか．

【解答】 $\boldsymbol{A}$ と $\boldsymbol{B}$ は直交している．

【解説】 (1.1) から，直交するベクトル同士の内積はゼロである．これは，物理学においてベクトルの直交性を示す標準的な演算手続きである．例えば章末問題 Q 1.2 を見よ． ◆

例題 1.4 ベクトルの内積を使い，$\boldsymbol{A}$ と $\boldsymbol{B}$ のなす角を求める公式を導きなさい．

【解答】
$$\theta = \cos^{-1}\left(\frac{\boldsymbol{A}\cdot\boldsymbol{B}}{AB}\right) \tag{1.5}$$

【解説】 (1.1) を変形すれば直ちに得られる公式である．これも，ベクトル同士のなす角を知る演算としてしばしば用いられる． ◆

例題 1.5 $\boldsymbol{A}$ と $\boldsymbol{B}$ の外積の大きさは，$\boldsymbol{A}$ と $\boldsymbol{B}$ が作る平行四辺形の面積に等しいことを示せ．

【解答】 図 1.5 から，外積の大きさ $AB\sin\theta$ は平行四辺形の面積である．

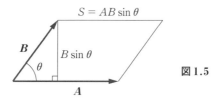

図 1.5

【解説】 外積のこの性質は，ケプラーの3法則の1つ「面積速度一定の法則」を直接証明する．詳しくは第 10 章 (→ p. 130, 例題 10.2) を参照のこと． ◆

例題 1.6 $\boldsymbol{A},\boldsymbol{B}$ がともにゼロでない大きさをもつとき，$\boldsymbol{A}\times\boldsymbol{B}$ がゼロになるのはどのような場合か．

【解答】 $\boldsymbol{A}$ と $\boldsymbol{B}$ の方向が同じ，あるいは逆方向のとき．

【解説】 内積とは逆に，外積は同じ方向のベクトルのときがゼロである．内積が「仕事」で登場するのは，仕事が「力と，力の方向に動いた距離の積」で定義されることと関係ある．一方，外積は回転に関わる公式で頻繁に登場する．自転車の車輪を回転させようとするとき，スポークの方向にまっすぐ引っ張ってはだめで，直角の方向（リムの方向）に力を加えるのが最も効率がよいことがこれに対応する． ◆

1.2 座標系

1.2.1 座標系の定義

ニュートン力学とは，あらゆる物体の運動が「$\boldsymbol{F} = m\boldsymbol{a}$」という単純な数式で説明できることを基礎とした学問の体系である．ここで，**運動**とは**位置**という物理量が**時間**という物理量の関数でどう変化するか，ということを意味するが，それをきちんと記述するには「位置」という物理量を厳密に定義する必要がある．

物体の位置を物理量として記述するには，**座標系**を定義して，その座標の目盛の組み合わせで物体の位置を表す．まず，最も簡単な，1次元の運動で考える．この場合，物体は，1本の直線上のどこかにいることが確実である．直線の1点を原点とし，物体の位置は原点からの距離で表そう．これが，1次元の位置という物理量である．位置 x が時間の関数であるとき，これを $x(t)$ と表す．物体の位置は本来ベクトル量だが，1次元に限ってはスカラーで表現できる．

2次元，3次元空間の物体の位置は，ベクトル量と捉えることができる．原点を起点に，物体の位置を終点にもつ，長さの次元[†3] をもつベクトル量を物体の**位置ベクトル $\boldsymbol{r}$** と定義する．すると，物体の運動は $\boldsymbol{r}(t)$ で記述される．$\boldsymbol{r}(t)$ を代数的に表すために使われるのが「座標」である．一般に，n 次元空間の位置を代数的に表すためには n 個の変数が必要であることが証明されているが，その変数が何であるかには任意性がある．

2次元を例に取り考えよう．最も単純な**直交座標（デカルト座標）**は，直交する x 軸と y 軸で物体の位置を表現する．図1.6のように，物体Pの位置は，物体から x 軸，y 軸に引いた垂線が軸と交わる位置で表せばよい．デカルトは，格子窓に止まっている虫の位置を表そうと試みてこのアイデアを思いついた，という有名なエピソードがある．

もう1つの2次元座標系は**極座標**である．極座標は，図1.6のように物体の位置を，「位置ベクトルの大きさ r」（原点とPの距離）と「位置ベクトルの，基準軸から測った角度 θ」で表す．極座標は回転運動を記述する際には便利である．なぜなら，円の中心を原点に取れば，極座標で記述された円運動は，$\theta(t)$ のみで記述されるからである．これについては第6章で学ぼう．デカルト座標系の (x, y) で表された座標と，極座標系の (r, θ) で表された座標には以下のような関係がある[†4]．

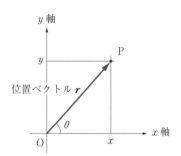

図1.6 位置ベクトル $\boldsymbol{r}$，2次元デカルト座標と2次元極座標

[†3] 物理量の次元についてはコラム（→ p.17）参照．
[†4] 極座標の角度の基準は x 軸にとるのが慣例である．

> ***One Point*** **2次元デカルト座標と極座標の相互変換**
>
> $$x = r\cos\theta \tag{1.6}$$
> $$y = r\sin\theta \tag{1.7}$$
> $$r = \sqrt{x^2 + y^2} \tag{1.8}$$
> $$\theta = \tan^{-1}\left(\frac{y}{x}\right) \tag{1.9}$$

3次元の座標系には，代表的なものが3種類ある．それらは**デカルト座標**，**円筒座標**，**極座標**である（図1.7～図1.9）．3次元デカルト座標は，2次元デカルト座標の拡張なので理解しやすいだろう．円筒座標と極座標については，本書では扱わないのでここで紹介するにとどめる．

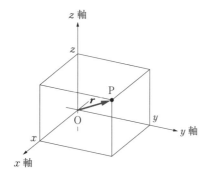

図1.7　3次元デカルト座標．位置ベクトル $\boldsymbol{r}$ は，互いに直交する x, y, z 軸への $\boldsymbol{r}$ の射影 (x, y, z) により表される．

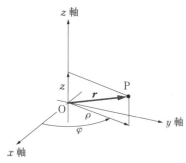

図1.8　円筒座標と，デカルト座標との対応．位置ベクトル $\boldsymbol{r}$ は，$(x\text{-}y)$ 平面への $\boldsymbol{r}$ の射影 ρ，ρ が x 軸となす角 φ，z 軸への $\boldsymbol{r}$ の射影 z により表される．

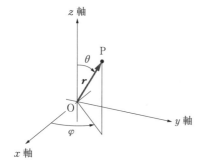

図1.9　3次元極座標と，デカルト座標との対応．位置ベクトル $\boldsymbol{r}$ は，r，$\boldsymbol{r}$ が z 軸となす角 θ，$(x\text{-}y)$ 平面への $\boldsymbol{r}$ の射影が x 軸となす角 φ により表される．

例題 1.7 物体の運動が2次元極座標で $(r, \theta) = (R, \omega t + \delta)$ と表される．ここで R, δ は定数である．

(1) 運動をデカルト座標で表せ．
(2) 物体が y 軸をまたぐ瞬間の時刻を答えよ（複数ある）．

【解答】 (1) $(x, y) = (R\cos(\omega t + \delta), R\sin(\omega t + \delta))$

(2) $t = \dfrac{\pi(2n+1) - 2\delta}{2\omega}$ （n は任意の整数）

【解説】 (1) (1.6), (1.7) に代入すればよい．

(2) 「y 軸をまたぐ」ことが「$x = 0$」と等価であることに気づけばよい．$R\cos(\omega t + \delta) = 0$ より $\omega t + \delta = \dfrac{\pi}{2} + n\pi$ の関係を得て，これを変形すれば解答を得る． ◆

1.2.2 ベクトル量の成分表示

あるベクトル $\boldsymbol{A}$ を A で割ったもの，すなわち $\boldsymbol{e}_A = \dfrac{\boldsymbol{A}}{A}$ というベクトルを考える．これは，必ず「ベクトル $\boldsymbol{A}$ の方向を向き，大きさ1の無次元ベクトル」になる．これを「$\boldsymbol{A}$ 方向の**単位ベクトル** $\boldsymbol{e}_A$」と定義する．A がベクトルから「大きさ」の情報を取り出したスカラー量とすれば，$\boldsymbol{e}_A$ はベクトルからその「方向」という情報を取り出したベクトル量，といえるだろう．単位ベクトルの定義から，ベクトル $\boldsymbol{A}$ は単位ベクトルのスカラー倍として以下のように表すことができる．

$$\boldsymbol{A} = A\boldsymbol{e}_A \tag{1.10}$$

図 1.10 のように，3次元デカルト座標において，座標軸の方向を向いた3つの単位ベクトルを定義する．習慣的に，デカルト座標の3つの単位ベクトルは $\boldsymbol{e}_x, \boldsymbol{e}_y, \boldsymbol{e}_z$ でなく $\boldsymbol{i}, \boldsymbol{j}, \boldsymbol{k}$ と書かれる．すると，(1.10) の性質を使い，3次元空間の位置ベクトル $\boldsymbol{r}$ は

$$\boldsymbol{r} = x\boldsymbol{i} + y\boldsymbol{j} + z\boldsymbol{k} \tag{1.11}$$

と，単位ベクトルと座標を組み合わせて表すことができる．さらに，単位ベクトルを省略，これを

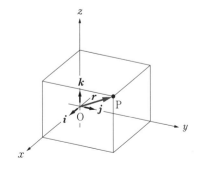

図 1.10 デカルト座標と，座標軸方向を向いた3つの単位ベクトル

$$\boldsymbol{r}=(x,y,z) \quad \text{または} \quad \boldsymbol{r}=\begin{pmatrix}x\\y\\z\end{pmatrix} \tag{1.12}$$

と書く．これを**ベクトル量の成分表示**とよぶ．「座標」とは，位置ベクトルを成分表示したものと考えてもよいだろう．

次に，任意のベクトル量を成分表示することを考える．図 1.11 のような，あるベクトルの物理量を考える．わかりやすいように，速度ベクトル $\boldsymbol{v}$ を想像しよう．今は，説明を容易にするため 2 次元で考える．この速度は，x 軸に沿った速度ベクトル $\boldsymbol{v}_x$ と，y 軸に沿った速度ベクトル $\boldsymbol{v}_y$ の和で表される．さらに $\boldsymbol{v}_x$ は，単位ベクトル $\boldsymbol{i}$ を使って $v_x\boldsymbol{i}$ と書ける．同様に $\boldsymbol{v}_y$ を $v_y\boldsymbol{j}$ と書けば，速度ベクトルは

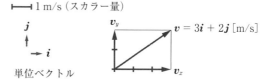

図 1.11 速度ベクトルを成分表示する．

$$\boldsymbol{v}=(v_x,v_y) \quad \text{または} \quad \boldsymbol{v}=\begin{pmatrix}v_x\\v_y\end{pmatrix} \tag{1.13}$$

のように成分表示できることがわかる．

3 次元空間の速度ベクトルは，単位ベクトル $\boldsymbol{k}$ を使い

$$\boldsymbol{v}=(v_x,v_y,v_z) \quad \text{または} \quad \boldsymbol{v}=\begin{pmatrix}v_x\\v_y\\v_z\end{pmatrix} \tag{1.14}$$

と書ける．

ベクトル量を成分表示することの意義は，ベクトル量同士の演算が代数計算に落とし込めることである．ベクトル同士の演算の定義はすでに 1.1.3 項で説明したが，矢印の操作は直感的ではあるものの，不正確で不便である．一方，成分表示されたベクトル量の演算は，成分ごとの加減乗除で実行できる．

ただし，注意しなくてはならないのは，ベクトル量の成分表示は，選んだ座標系によって単位ベクトルの取り扱いが変わってくる点である．デカルト座標の場合，単位ベクトルは座標軸に沿った 3 つの定ベクトルなのでそれを意識する必要はない．しかし極座標や円筒座標の場合，単位ベクトルは注目している点の座標によって変わってくるので話が多少厄介である．本書では，ベクトル量の成分表示はデカルト座標に限って考えることにしよう．

ベクトル量の定数倍は，成分表示すれば以下のようになることは容易に想像できるだろう．

$$k\boldsymbol{A}=(kA_x,kA_y,kA_z) \tag{1.15}$$

ベクトル量同士の和・差は以下のような演算を行うことで求められる．

$$\boldsymbol{A}+\boldsymbol{B}=\begin{pmatrix}A_x+B_x\\A_y+B_y\\A_z+B_z\end{pmatrix} \tag{1.16}$$

これも，ベクトル $\boldsymbol{A}$ と $\boldsymbol{B}$ を x,y,z 軸方向のベクトルの和として考え，成分ごとに和を取って

10   1. ニュートン力学の前に

から合成することで容易に証明できる.

内積は以下の公式で計算できる.

$$\boldsymbol{A}\cdot\boldsymbol{B} = \begin{pmatrix} A_x \\ A_y \\ A_z \end{pmatrix}\cdot\begin{pmatrix} B_x \\ B_y \\ B_z \end{pmatrix} = A_x B_x + A_y B_y + A_z B_z \tag{1.17}$$

2次元の内積はz成分を無視して行えばよい.一方,外積は3次元でのみ定義可能で,

$$\boldsymbol{A}\times\boldsymbol{B} = \begin{pmatrix} A_x \\ A_y \\ A_z \end{pmatrix}\times\begin{pmatrix} B_x \\ B_y \\ B_z \end{pmatrix} = \begin{pmatrix} A_y B_z - A_z B_y \\ A_z B_x - A_x B_z \\ A_x B_y - A_y B_x \end{pmatrix} \tag{1.18}$$

と,少々面倒な形になる.証明はベクトル解析の教科書にゆずろう.これは,3行3列の行列式を計算する際の「たすき掛けの公式」を覚えておけばよい(図1.12).

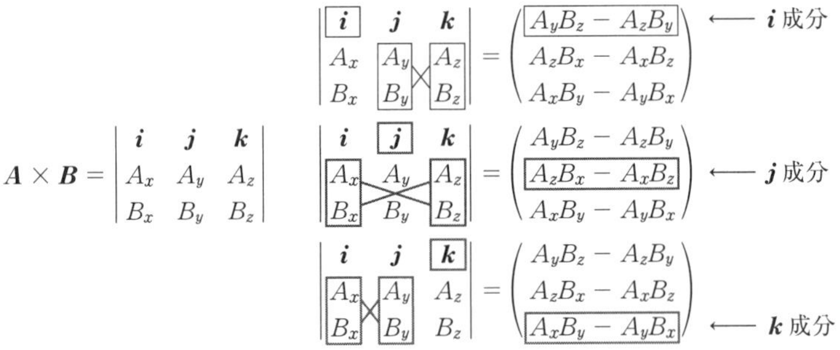

$$\boldsymbol{A}\times\boldsymbol{B} = \begin{vmatrix} \boldsymbol{i} & \boldsymbol{j} & \boldsymbol{k} \\ A_x & A_y & A_z \\ B_x & B_y & B_z \end{vmatrix}$$

図1.12 に示すたすき掛けの計算

図1.12 ベクトル量の外積は,3行3列の行列式の計算方法に似ている.

例題 1.8 3次元デカルト座標のベクトル $\boldsymbol{A} = \begin{pmatrix} 3 \\ -1 \\ 2 \end{pmatrix}$ と $\boldsymbol{B} = \begin{pmatrix} 1 \\ 1 \\ -3 \end{pmatrix}$ がある.$\boldsymbol{A}\cdot\boldsymbol{B}$ および

$\boldsymbol{A}\times\boldsymbol{B}$ を計算せよ.

【解答】 $\boldsymbol{A}\cdot\boldsymbol{B} = -4$, $\boldsymbol{A}\times\boldsymbol{B} = \begin{pmatrix} 1 \\ 11 \\ 4 \end{pmatrix}$ ◆

1.3 微分と積分

1.3.1 スカラー量の微分・積分

ニュートンが微分積分学の始祖であることからもわかる通り,力学と**微分・積分**には深い関係がある.不幸なことに,日本の高校教育では微分積分法を物理学と結びつけて教えてはいけないそうであるが,これが高校生の物理嫌い,数学嫌いの原因の1つなのではないかと危惧している.本節では,高校で習うレベルの微分・積分をひと通りおさらいして,本格的なニュー

トン力学に入る前の「準備運動」をしておこう.

初めに，1次元座標系で，物体の位置 x が時刻とともに変わる（運動している）状況を想像する．横軸に時刻，縦軸に物体の位置を取ると，図1.13のようなグラフが描かれる．物体の運動が何らかの法則に基づくなら，それは $x = f(t)$ という関数で表されるだろう．このとき，ある時刻 t_0 の近くで，わずかな時間間隔 Δt の間に物体がどれだけ動いたか，Δx を計測する．これは，図式的にはある時刻でグラフを斜辺とする小さな直角三角形を描くことに相当する．

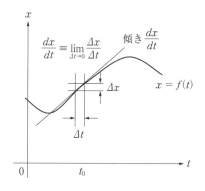

図1.13 $x = f(t)$ の $t = t_0$ における微分の定義

次に，Δt を限りなくゼロに近づけていくと，$\frac{\Delta x}{\Delta t}$ はある値に収束する．これが，$x = f(t)$ の，$t = t_0$ における**微分**である．微分の直感的理解は，時刻 t_0 においてグラフに接する直線の傾きを求めることである．

$x = f(t)$ の微分も，t を決めればある値に決まるから，これも t の関数である．これを「関数 $f(t)$ の微分」とよび，$\frac{d}{dt} f(t)$ と書く．多くの $f(t)$ に対して，$\frac{d}{dt} f(t)$ はやはり簡単な関数で表される．本書の読者が知っておくべきは，以下の関数の微分である（ω, k は定数）．

$$\text{べき関数} \quad \frac{d}{dt}(t^n) = n t^{n-1} \tag{1.19}$$

$$\text{三角関数} \quad \frac{d}{dt}\sin(\omega t) = \omega \cos(\omega t) \tag{1.20}$$

$$\frac{d}{dt}\cos(\omega t) = -\omega \sin(\omega t) \tag{1.21}$$

$$\text{指数関数} \quad \frac{d}{dt}e^{kt} = k e^{kt} \tag{1.22}$$

微分にはいくつかの公式があるが，ここでは基本的な**和の微分**と**積の微分**を思い出しておく．

$$\text{和の微分} \quad \frac{d}{dt}\{f(t) + g(t)\} = \frac{d}{dt}f(t) + \frac{d}{dt}g(t) \tag{1.23}$$

$$\text{積の微分} \quad \frac{d}{dt}\{f(t) \cdot g(t)\} = \frac{d}{dt}\{f(t)\} \cdot g(t) + f(t) \cdot \frac{d}{dt}\{g(t)\} \tag{1.24}$$

一方，**積分**の直感的な理解は，ある区間で「関数と座標軸に挟まれた部分」の面積を求める計算である．例として，図1.14のような1次元の運動 $x = f(t)$ を考える．この関数の，$t = t_1$ から $t = t_2$ までの区間で，関数と t 軸に挟まれる面積がこの関数の $t = t_1$ から $t = t_2$ までの区間の積分値である．これを**定積分**とよぶ．定積分は，数式では (1.25) のように書かれる．

$$S = \int_{t_1}^{t_2} f(t)\, dt \tag{1.25}$$

定積分は，図1.14に示されるように，区間の面積を横幅 Δt の細い長方形に分割し，個々

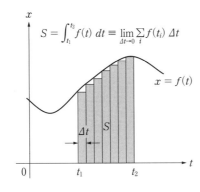

図 1.14 $x = f(t)$ の $t = t_1$ から $t = t_2$ までの定積分の定義は，関数の下側の面積である．

の長方形の面積を合計する代数計算で近似される．Δt をゼロに漸近させれば，それは定積分に一致する．

これをもう少し詳しく検討しよう．今，微分すると $f(t)$ になる関数，$F(t)$ を考える．すると，時刻 t_1 において，微分の定義式から，

$$\frac{F(t_1 + \Delta t) - F(t_1)}{\Delta t} \simeq f(t_1) \quad \to \quad f(t_1)\Delta t \simeq F(t_1 + \Delta t) - F(t_1) \tag{1.26}$$

という近似が成り立つ．同様に，時刻 $(t_1 + \Delta t)$ において，

$$f(t_1 + \Delta t)\Delta t \simeq F(t_1 + 2\Delta t) - F(t_1 + \Delta t) \tag{1.27}$$

が成立する．すべての時刻で同様の計算を行い，それらを足し合わせると以下のようになる．

$$\Delta t \sum_i f(t_1 + i\Delta t) = \{F(t_1 + \Delta t) - F(t_1)\} + \{F(t_1 + 2\Delta t) - F(t_1 + \Delta t)\} + \cdots \tag{1.28}$$

右辺は，隣り合う項が打ち消し合い，最終的に残るのは以下の2項のみである．

$$\Delta t \sum_i f(t_1 + i\Delta t) = F(t_2) - F(t_1) \tag{1.29}$$

(1.29) の左辺は，図 1.14 の網かけの面積を求める計算になっている．したがって，Δt をゼロに漸近させれば，それは t_1 から t_2 までの区間の定積分に一致する．ここから，定積分を求めるには，「微分すれば $f(t)$ になる関数 $F(t)$ を求め，終点の値 $F(t_2)$ から始点の値 $F(t_1)$ を引けばよい」ということがわかる．

$$\int_{t_1}^{t_2} f(t)\, dt = F(t_2) - F(t_1) \tag{1.30}$$

$$\text{ただし } \frac{dF}{dt} = f(t)$$

この，「微分すれば $f(t)$ になる関数 $F(t)$」を $f(t)$ の**原始関数**とよび，この関数を求める作業を**不定積分**とよぶ．つまり，積分は微分の逆演算だということがわかる．$f(t)$ が単純な関数の場合，その不定積分を求めるのは簡単である．べき関数，三角関数，指数関数の不定積分はそれぞれ以下のようになる（ω, k は定数）．

$$\text{べき関数} \quad \int t^n\, dt = \frac{1}{n+1} t^{n+1} + C \tag{1.31}$$

ただし $\displaystyle\int t^{-1}\,dt = \ln|t| + C$ (1.32)

三角関数 $\displaystyle\int \sin(\omega t)\,dt = -\frac{1}{\omega}\cos(\omega t) + C$ (1.33)

$\displaystyle\int \cos(\omega t)\,dt = \frac{1}{\omega}\sin(\omega t) + C$ (1.34)

指数関数 $\displaystyle\int e^{kt}\,dt = \frac{1}{k}e^{kt} + C$ (1.35)

定数 C がつくのは，定数は微分すればゼロなので，定数値だけ異なる $F(t) + C$ はすべて $f(t)$ の原始関数になるためである．C を**積分定数**とよぶ．

2つの関数の積，例えば $e^{kt}\cos(\omega t)$ を微分するのは「積の微分」の公式を使えば簡単である．しかし，この関数を不定積分するのは容易ではない．一般に，複数の関数の積で表される式の不定積分は大変困難で，例えば「部分積分」や「置換積分」のようなテクニックを駆使する必要がある．本書では，そこまで複雑な形の積分には立ち入らないが，以下の基本公式だけは覚えておこう．

$$\int kf(t)\,dx = k\int f(t)\,dt$$
（定数は積分記号の前に出せる）
(1.36)

$$\int \{f(t) + g(t)\}\,dt = \int f(t)\,dt + \int g(t)\,dt$$
（2つの関数の和の積分は，それぞれの関数の積分の和に等しい）
(1.37)

例題 1.9 以下の $x(t)$ を，t で連続して2回微分せよ．t 以外の文字はすべて定数とする．

(1) $x(t) = \dfrac{k}{t}$ (2) $x(t) = (1-t)e^{-kt}$

【解答】 (1) 1回：$\dfrac{dx}{dt} = -\dfrac{k}{t^2}$ 2回：$\dfrac{d^2x}{dt^2} = 2\dfrac{k}{t^3}$

(2) 1回：$\dfrac{dx}{dt} = -(k + 1 - kt)e^{-kt}$ 2回：$\dfrac{d^2x}{dt^2} = \{2k + k^2(1-t)\}e^{-kt}$

【解説】 (1)は次数がマイナスなだけで，べき関数の公式がそのまま通用する．(2)は「積の微分公式」を使うこと． ◆

例題 1.10 以下の $x(t)$ を，t で連続して2回積分せよ．t 以外の文字はすべて定数とする．積分定数は C_1, C_2 とせよ．

(1) $x(t) = 2t^2$ (2) $x(t) = \dfrac{1}{t^3}$

【解答】 (1) 1回：$\dfrac{2}{3}t^3 + C_1$ 2回：$\dfrac{1}{6}t^4 + C_1 t + C_2$

(2) 1回：$-\dfrac{1}{2t^2} + C_1$ 2回：$\dfrac{1}{2t} + C_1 t + C_2$

【解説】 積分定数は1回積分するごとに1つずつ増えていく．1回目の積分で定数だったC_1は，2回目の積分で1次関数になるので注意．　◆

1.3.2 偏微分

　ある物理量Uがx, yの関数で表されるとき，これを$U(x, y)$と表す．例えばUが標高で，xとyが地図上の位置を表すと考えれば想像しやすいだろう．このとき，Uをxまたはyで微分する演算を**偏微分**とよび，記号では$\frac{\partial U}{\partial x}$, $\frac{\partial U}{\partial y}$と書く．計算方法は簡単で，$x$での偏微分は$y$を定数と見なし$x$で微分すればよい．$y$での偏微分も同様である．以下の例題を解いてみよう．

例題 1.11 以下の$U(x, y)$をxおよびyで偏微分せよ．kは定数とする．
(1) $U(x, y) = 3x^2 + 4xy + 2y^2 + 1$　　(2) $U(x, y) = xe^{ky}$

【解答】 (1) $\frac{\partial U}{\partial x} = 6x + 4y$　　$\frac{\partial U}{\partial y} = 4x + 4y$

(2) $\frac{\partial U}{\partial x} = e^{ky}$　　$\frac{\partial U}{\partial y} = kxe^{ky}$　◆

　偏微分の意味を直感的に理解するため，図1.15を用意した．x, yの関数で表されるUがあるとき，$\frac{\partial U}{\partial y}$とは，ある$x = x_0$で曲面$U(x, y)$を切断し，その切り口を関数$U(x_0, y)$として，その傾きを求める計算である．$\frac{\partial U}{\partial y}$は一般に$x, y$の関数となるが，$x$を任意の$x_0$とおくことは，切断面を$x = x_0$に選ぶことに相当する．

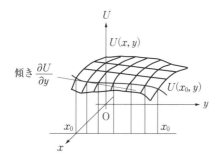

図 1.15 $U(x, y)$をyで偏微分することの図式的意味

1.3.3 ベクトル量の微分

　ベクトル量の時間微分の定義は，以下のようなものである．

$$\frac{d\boldsymbol{r}}{dt} \equiv \lim_{\Delta t \to 0} \frac{\boldsymbol{r}(t + \Delta t) - \boldsymbol{r}(t)}{\Delta t} \tag{1.38}$$

　ベクトル量の微分の特徴は，それがやはりベクトル量で，大きさと方向をもつという点であ

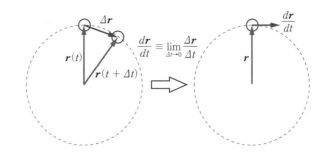

図 1.16 円運動における r ベクトルの時間微分. $\dfrac{dr}{dt}$ は r に垂直な方向になる.

る．図 1.16 のように，位置ベクトルが回転するような運動において，r の時間微分は r と垂直な方向をもつベクトル量となる．

デカルト座標においては，ベクトル量の微分はやはり成分ごとの微分で実行できる．

$$\frac{dr}{dt} = \left(\frac{dx}{dt}, \frac{dy}{dt}, \frac{dz}{dt}\right) \tag{1.39}$$

例題 1.12 2 次元デカルト座標の運動が $r(t) = (a\sqrt{t}, 2t)$ と表される．

(1) $\dfrac{dr}{dt}$ を求めよ．

(2) $\dfrac{dr}{dt}$ ベクトルの方向が極座標表示で $\theta = 45°$ になる時刻を求めよ．

【解答】 (1) $\dfrac{dr}{dt} = \left(\dfrac{1}{2\sqrt{t}}, 2\right)$ (2) $t = \dfrac{1}{16}$

【解説】 (1) 成分ごとに微分する．$\sqrt{t}$ の微分は，これを $t^{1/2}$ と見て，べき関数の微分の公式を適用すればよい．

(2) ベクトルの方向を極座標で表せば $\theta = \tan^{-1}\dfrac{y}{x}$ で，かつ方向が $\theta = 45°$ になる条件が $x = y$ であることを利用する． ◆

章末問題

Q 1.1 図 1.17 に示すベクトル A, B があるとき，$A + B + C = 0$ となるベクトル C を作図によって求めよ．

Q 1.2 2 次元極座標で，点の運動が $(r, \theta) = (R, \omega t + \delta)$ と表されている．ここで R, δ は定数である．速度は位置ベクトルの時間微分で与えられる（第 2 章で詳しく扱う）．この運動は，位

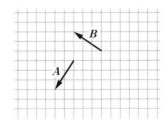

図 1.17

置ベクトルと速度ベクトルが常に直交することを示しなさい．

Q1.3 3次元デカルト座標で，運動速度が $(2, -3, 0)$ と表される物体がある．時刻ゼロで物体の位置は $(-1, 8, 0)$ であった．
(1) 物体の位置ベクトル $r(t)$ をデカルト座標で成分表示しなさい．
(2) 物体の位置ベクトル r と速度ベクトル v の外積が時間によらないことを示しなさい．

Q1.4 2次元デカルト座標で，運動速度が $(-3, 2)$ と表される物体がある．時刻ゼロで物体の位置は $(10, 2)$ であった．物体が原点に最も接近する瞬間における，物体の原点からの距離を求めよ．ベクトルの内積を活用すること．

【ヒント】物体は直線上を運動するから，原点に最接近する時刻には原点を真横に見る．すなわち，速度ベクトル（進行方向）と位置ベクトルが直交する．

Q1.5 2次元デカルト座標で，物体の運動が $r = (t-1, t^2 + 2t + 4)$ と表される．物体の位置は，常に $y > 0$ であることはわかっている．物体が x 軸に最も接近する時刻と，その瞬間の r と $\dfrac{dr}{dt}$ を求めなさい．

微分と積分の関係を直感的に理解する

微分と積分が互いに逆の関係にあることは第1章で証明したが，その事実は直感的には理解し難い．ここでは，以下のような説明で，微分の反対が積分であることを直感的に示そう．

関数 $x = f(t)$ の，0 から t_f までの区間の定積分を，長方形の面積の和で近似したものが図1.18の左図である．長方形に1から5までの番号をつけた．

次に，この長方形を $t = 0$ から順々に積み上げていったときの高さを考える．高さは t の関数と見なせるから，これを $F(t)$ としよう．$F(t)$ のグラフを描けば図1.18右図のようになる．ここで，$F(t)$ は 0 から時刻 t までの $f(t)$ の定積分を表しているから，$\int_0^t f(t)\,dt = F(t)$ の関係があることがわかる．

一方，$F(t)$ の Δt 当りの増加率，すなわち $\dfrac{dF}{dt}$ は $f(t)$ の各区間の長方形の高さに等しい．すなわち $\dfrac{dF}{dt}$ を並べ，これを t の関数と見たものが

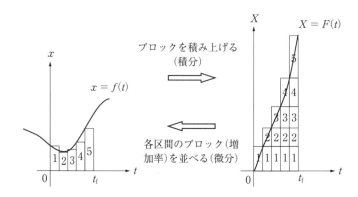

図 1.18 左図：$x = f(t)$ の，0 から t_f までの定積分を総和で近似したもの．
右図：左図の長方形を，順に積み上げたものを関数 $X = F(t)$ とする．

$f(t)$ となるから，$\frac{dF}{dt} = f(t)$ の関係が成立している．このようにして，微分と積分が互いに逆の関係にあることが示された．

物理量と単位と次元

本章の冒頭で，すべての物理量には基準となる大きさ，すなわち「単位」が定義されることを指摘した．ところが，1つの物理量に対して複数の単位が存在することが，日常生活から科学技術の世界までさまざまな混乱を引き起こしている．例えば，かつて，「ヤード・ポンド法」を使っていたアメリカと「メートル法」を使っていたヨーロッパの宇宙開発機構が共同ミッションを行い，探査機が火星に突っ込むという悲惨な結果になった前例がある．そこで，現在では「1つの物理量は1つの単位で」という号令の下，フランスが中心となって策定された**国際単位系(SI)**への移行が行われている．

SI は，18 世紀に定められた**メートル法**が基になっており，長さは[m]，質量は[kg]，時間は[s]を単位とする．SI には上述の 3 つに，「電流」[A]，「温度」[K]，「物質量」[mol]，「光度」[cd]を加えた 7 つが**基本単位**に選ばれている．

では，それ以外の物理量はどう表すかというと，基本単位を組み合わせる．例えば，速度とは単位時間当りに進んだ長さだから，単位の計算も同様に長さの単位を時間の単位で割る．ゆえに速度の単位は[m/s]となる．このように，基本単位を組み合わせて作られる単位を**組立単位**という．ただし便宜上，多くの組立単位には独立した名前がつけられる．例えば力は質量[kg]と加速度[m/s^2]の積なので，単位は[kgm/s^2]と組み立てられるが，SI では力の単位は「ニュートン」[N]である．

すると，同じ物理量でも，異なる方法で定義されると見かけ上は異なる単位となり，2つの物理量が同じかどうかは必ずしも自明ではない．このようなとき，物理量がもつ**次元**が重要な役割を果たす．物理量の次元とは，その物理量がどのような量を示すラベルのようなものである．まず，基本物理量にそれぞれ異なるラベルをつける．「長さ (length)」，「質量 (mass)」，「時間 (time)」のラベルはそれぞれ[L]，[M]，[T]である．すると，あらゆる物理量の次元は，単位と同様に，基本物理量の次元の組み立てで表される．例えば速度の次元は[LT^{-1}]，力の次元は[MLT^{-2}]である．そして，物理量が同等なものであるか，異なるものであるかは，次元が同じかどうかで判断される．このような解析は，**次元解析**とよばれる．

例えば，図 1.19 のように，物体に力を加え持ち上げる．物体に及ぼされる「力学的仕事」W

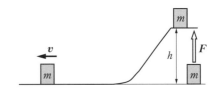

持ち上げる仕事　$W = Fh$　　$[\text{LMT}^{-2}][\text{L}] = [\text{ML}^2\text{T}^{-2}]$
位置エネルギー　$U = mgh$　　$[\text{M}][\text{LT}^{-2}][\text{L}] = [\text{ML}^2\text{T}^{-2}]$
運動エネルギー　$K = \frac{1}{2}mv^2$　$[\text{M}]([\text{LT}^{-1}])^2 = [\text{ML}^2\text{T}^{-2}]$

図 1.19 おもりを持ち上げる仕事，重力ポテンシャルエネルギーと運動エネルギー．いずれも計算すると次元は $[\text{ML}^2\text{T}^{-2}]$ となる．

は力と移動した距離の積に等しいので，その次元は$[ML^2T^{-2}]$である．一方，増加した「重力ポテンシャルエネルギー」U は mgh で定義されるから，次元はやはり$[ML^2T^{-2}]$になる．つまり，力学的仕事と重力ポテンシャルエネルギーは同じ物理量であることがわかる．同様に，坂を下った物体がもつ「運動エネルギー」$K = \frac{1}{2}mv^2$ も，その次元は$[ML^2T^{-2}]$になる．なぜこれらが同等かということは，第4章で「仕事 - エネルギー定理」を学ぶと明らかになる．

そして，物理量を扱うあらゆる等式には，重要で有用な以下の2つの規則がある．

One Point 物理量の次元の規則

(1) 等式の両辺には同じ次元の物理量がなくてはならない．

(2) 次元の異なる物理量を足したり引いたりすることはできない．

---

1 m と等しい質量は定義できないし，1 kg と1 秒を足すこともできないので，これは当たり前のことと思うかもしれない．しかし，この規則が威力を発揮するのは，物理量が複雑に組み合わさった等式が登場する場合なのだ．簡単な例として，振り子（図1.20）の周期を表す以下の公式を考える．

$$T = 2\pi\sqrt{\frac{l}{g}} \qquad (1.40)$$

T：振り子の周期 [s]

l：振り子の長さ [m]

g：重力加速度 [m/s²]

暗記に頼ると間違ってしまう典型的な公式なのだが，この公式が正しいことを次元解析で確認しよう．右辺の次元は，2π を無視して $\sqrt{\frac{[L]}{[LT^{-2}]}} = [T]$ となる．左辺の次元は$[T]$だから，右辺と左辺の次元は確かに一致している．

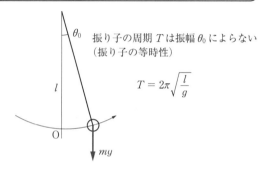

図1.20 振幅が小さいときの振り子の振動周期と重力加速度の関係

次元解析の有用性は単に検算にとどまらず，数式から新たな法則についての洞察を得ることすら可能である．例えば，量子力学の始祖ニールス・ボーアは，次元解析から，ニュートン力学と電磁気学では水素原子が存在できないことを示し，量子力学の正しさを確信したという．

第 2 章
運動の法則

　本書で学ぶのは，大物理学者アイザック・ニュートンが 1687 年に著書「自然哲学の数学的諸原理（プリンキピア）」に著した，力と運動に関する諸法則である．今日それは「ニュートン力学」とよばれている．本章ではまず「速度」と「加速度」を定義して，力と加速度の関係である「運動の 3 法則」を学ぶ．そして，物体の運動が，「初期値問題」を解くこと，すなわち「運動方程式」を積分し，初期条件を満たすように任意定数を定めることにより完全に決定できることを学ぶ．

2.1　速度・加速度

　ニュートン力学において**速度**とは，「位置ベクトルの時間微分」，$\dfrac{d\boldsymbol{r}}{dt}$ と定義される．一般に，速度には英語 velocity から記号 $\boldsymbol{v}$ を当てる．速度の単位は，SI では［m/s］と表される．速度ベクトルの大きさ v を**速さ**とよび，これはスカラー量である．1 次元の運動は位置ベクトルがスカラー量 x であるから，速度 $v \equiv \dfrac{dx}{dt}$ もスカラー量になる．

　「速度の時間微分」，$\dfrac{d\boldsymbol{v}}{dt}$ を**加速度**と定義する．一般に，加速度には，英語 acceleration から記号 $\boldsymbol{a}$ を当てる．もちろん，これもベクトル量である．加速度は速度を微分したものだから，SI では［m/s^2］である．

***One Point*　速度と加速度の定義**

　速度とは，位置ベクトル $\boldsymbol{r}$ の時間微分である．一般に速度ベクトルは $\boldsymbol{v}$ で表記する．

$$\boldsymbol{v} \equiv \frac{d\boldsymbol{r}}{dt} \tag{2.1}$$

　加速度とは，速度ベクトル $\boldsymbol{v}$ の時間微分である．一般に加速度ベクトルは $\boldsymbol{a}$ で表記する．

$$\boldsymbol{a} \equiv \frac{d\boldsymbol{v}}{dt} \tag{2.2}$$

　第 1 章で学んだ微分と積分の関係を思い出せば，加速度ベクトルを時間積分すれば速度ベクトルが，速度ベクトルを時間積分すれば位置ベクトルが得られることがわかるだろう．位置，

20   2. 運動の法則

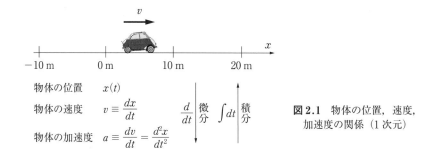

図 2.1 物体の位置，速度，加速度の関係（1 次元）

速度，加速度の関係を図 2.1 に示す．

　日常生活で「速度」を感じるのは，乗り物に乗ったときだろうか．スピード（速さ）が速いほど目的地には早く着くし，事故を起こしたときに悲惨な結果になるのも速さと大いに関係がある．また，ジェットコースターに乗ると，上下左右にゆさぶられる激しい「加速度」を感じる．あの，最初の下り坂の胃がよじれるような感覚は，自由落下に匹敵する下向きの加速度が生み出すものだ．

　ニュートン力学は，日常生活で見られるおよそあらゆる運動が，$\boldsymbol{F} = m\boldsymbol{a}$ というたった 1 つの方程式で説明できることを教えるが，その前提として，日常生活で感じられるこれらの感覚が，「速度」「加速度」という物理量として厳密に定義されていることを要求する．

　次節でニュートンの 3 法則を学ぶ前に，本節で位置・速度・加速度に関する問題の便利な解法を学んでおく．我々は，速度や加速度がわかっているときに，目的地までどれくらいかかるかといったことを知りたい場合がよくある．このとき，（1 次元の）速度 v の変化を時間の関数で表す **v–t グラフ**は大変便利な図式的解法を提供する．図 2.1 の関係から，v–t グラフの傾きはその瞬間の加速度を，ある区間の定積分はその時間に移動した距離を表す．以下の例題を v–t グラフで解いてみよう．

例題 2.1 図 2.2 は，時刻ゼロで地上から鉛直に投げ上げられた物体の速度（v_y）の時間変化を，v–t グラフで表したものである．投げ上げられた物体の加速度は一定で，$-9.80 \,\mathrm{m/s^2}$ であることが知られている．以下の問に答えよ．有効数字 3 桁の小数で解答すること．

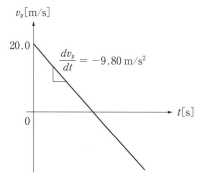

図 2.2 v–t グラフ

(1) 物体が最高点に達する時刻を求めよ．
(2) 物体は最大どこまで上がるか．
(3) 物体が地上に落下する時刻を求めよ．
(4) 物体が上昇中，高さ $10.0\,\mathrm{m}$ の位置にあるときの時刻を求めよ．

【解答】 (1) $2.04\,\mathrm{s}$ (2) $20.4\,\mathrm{m}$ (3) $4.08\,\mathrm{s}$ (4) $0.583\,\mathrm{s}$

【解説】 問題の図にいくつか書き加えたものが図 2.3 である．速度の積分が移動距離だから，グラフと t 軸で囲まれた面積が，その間に物体が移動した距離になる．t 軸の下側の面積は「負の移動」で，この問題では物体は落下している．v が正から負に転じる時刻を t_0，t 軸上側の面積を S_0，t 軸下側の面積が $-S_0$ になる時刻，$2t_0$ を t_1 とした．

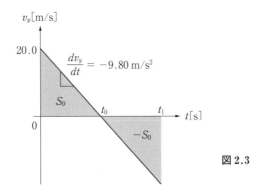

図 2.3

(1) 最高点に達する時刻を問う問題であるから，t_0 を答えればよい．グラフの傾きが -9.8 であることから，t_0 は $t_0 = \dfrac{20}{9.8} = 2.04\,\mathrm{s}$ と求められる．

(2) 物体が上がった高さは面積 S_0 で，今求めた t_0 を使って表せば $S_0 = \dfrac{2.04 \times 20}{2} = 20.4\,\mathrm{m}$ である．

(3) 図 2.3 を見れば，物体が再び地面に到達する時刻が $t_1 = 4.08\,\mathrm{s}$ であることは明らかだろう．

(4) 問題を解くには少々面倒な計算が必要になる．図 2.4 を見てほしい．上昇時に高さが $10.0\,\mathrm{m}$ になる時刻を t_2 とすると，網かけの面積が 10 となるような t_2 を求めればよいことがわかる．

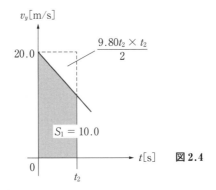

図 2.4

$$10 = 20t_2 - \frac{9.80t_2{}^2}{2}$$

これは，t_2 を変数とする 2 次方程式になっている．根の公式を使って解くと，$t_2 = 0.583$ と $t_2 = 3.50$ を得るが，後者の解は頂点に達する時刻を過ぎているので棄却し，$t_2 = 0.583\,\mathrm{s}$ を得る．ちなみに $t_2 = 3.50$ のほうにも意味はあって，これは物体が下降時に $10.0\,\mathrm{m}$ 地点を通過する時刻である． ◆

2.2 運動の法則

ニュートンは，惑星の運行や地球上で見られるさまざまな運動が，共通の，唯一の法則で記述されることに気づいた．そして，それを著作にまとめたのが「**自然哲学の数学的諸原理 (プリンキピア)**」とよばれる全 3 巻の大著である．その主張は，以下の**運動の 3 法則**に要約できる．

One Point 運動の 3 法則

質量をもち，大きさが無視できる物体を**質点**と定義する．質点の位置ベクトルの時間変化 $r(t)$ について，以下の 3 つの法則が成り立つ．

第 1 法則 (慣性の法則)

質点は，力が作用しない限り，静止を続けるか，または**等速直線運動**をする．

第 2 法則 (運動方程式)

質点の加速度 a は，それに作用する力 F に比例し，その質量 m に反比例する．

$$F = ma \tag{2.3}$$

第 3 法則 (作用 - 反作用の法則)

2 つの質点 1，2 の間に相互に力がはたらくとき，質点 2 から質点 1 に作用する力 F_{12} と，質点 1 から質点 2 に作用する力 F_{21} は，大きさが等しく逆向きである．

$$F_{12} = -F_{21} \tag{2.4}$$

さらに，2 力の作用線は同一直線上にある．

この 3 法則を基盤として組み立てられた力学の体系が，今日**ニュートン力学**とよばれているものである．ニュートン力学は，20 世紀になって相対論と量子論が登場するまで，あらゆる運動を説明する基礎理論であった．熱力学も，流体力学も，その基盤はニュートン力学においている．もちろん，現代においても，光速より充分遅い速度で，原子より充分大きなスケールでは，ニュートン力学は精度のよい近似法則である．例えば，ニュートン力学に基づく惑星の運行の計算は，数千年後の日食をも予測できる．

ここで，3法則それぞれの役割について説明する．**第1法則**は，第2法則で $F = 0$ の特別な場合に過ぎないと思われがちだが，これは「第1法則が成立する座標系が存在する」という宣言である．ニュートンの第1法則が成立する座標系を**慣性系**という．では，慣性系でない座標系はどんなものかというと，例えば加速中の列車の中のような，系全体が加速している場合や回転している場合が相当する．非慣性系のニュートン力学については第8章で学ぶ．

第2法則がニュートン力学の根幹をなす基礎方程式を与える．ここで「力とは何か」という疑問が湧くが，「力」の定義こそが第2法則で与えられるもので，「力とは，質量を加速させるものである」というのがその答である．SI では質量の単位は [kg] で，(2.3) から力の単位は「kgm/s²」と組み立てられるが，これには**ニュートン** [N] という名前が与えられている．

では「質量とは何か」という疑問に答えるためには，第3法則が必要となる．**第3法則**は，2つの質点の相互作用を考えることにより，質量の大きさを規定できることを示している．例えば，静止した質量 m_1 の質点と質量 m_2 の質点が斥力を及ぼし合うと，これらは互いに遠ざかるように加速するが，その加速度の比率は第2法則と第3法則により $m_1 \boldsymbol{a}_1 = -m_2 \boldsymbol{a}_2$ の関係があることがわかる．ここから，ある基準の質量を決めればあらゆる質量が基準の何倍か定義可能で，質量が定義されれば力が定義され，質点の力と運動に関する法則が完成する．

第3法則の「作用線は同一直線上にある」ことの意味について解説する．今，質点 A と B がある距離に置かれ，互いに力を及ぼし合っているとする．このとき，$\boldsymbol{F}_{12} = -\boldsymbol{F}_{21}$ を満足すればよいなら，2力の方向は任意である．しかし，ニュートンの第3法則は，図 2.5 のように，互いに及ぼし合う力は引力，または斥力のみに限られることを要求する．

作用 – 反作用の法則がもつこの性質はニュートン力学の公理であり，証明できる事柄ではない．しかし，現在までに知られているあらゆる観測結果がその正しさを支持している．

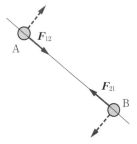

図 2.5 作用 – 反作用の法則．2つの質点が，破線のような力を及ぼし合うことは禁止されている．

例題 2.2 原点で静止している，質量 1.0 kg で質点と見なせる物体に対して，時刻ゼロから一定の方向の 2.0 N の力を加え続ける．このとき，運動は1次元の位置 x の時間変化で表される．以下の量を答えよ．

(1) 物体の加速度 a (2) 物体の速度 v（時刻 t の関数）
(3) 物体の位置 x（時刻 t の関数）

【解答】 (1) $2.0\,\mathrm{m/s^2}$ (2) $2.0t\,\mathrm{[m/s]}$ (3) $1.0t^2\,\mathrm{[m]}$

【解説】 運動の法則から，$a = \dfrac{F}{m} = 2.0\,\mathrm{m/s^2}$ を得る．このように，一定の力を加えられた質点は一定の加速度をもち，これを**等加速度運動**とよぶ．加速度が一定なら，速度は時間に比例して増加する．位置は速度の積分だから，時間の 2 次関数で増加する． ◆

24   2. 運動の法則

2.3 運動方程式

ニュートンの運動の法則に加速度の定義を組み合わせる．すると $m\frac{d^2\boldsymbol{r}}{dt} = \boldsymbol{F}$ を得るが，こ
れは，質点の位置ベクトル $\boldsymbol{r}(t)$ の2階微分が満たすべき関係を表している．したがって，こ
の式の両辺を2回積分すれば，我々は質点の運動 $\boldsymbol{r}(t)$ を知ることができる．このように，あ
る物理量の微分が満たす関係式を**微分方程式**とよぶ．そして，ニュートンの運動の法則によっ
て成立する微分方程式は特に**運動方程式**とよばれる．

***One Point* 運動方程式**

m を質点の質量，$\boldsymbol{r}$ をその位置ベクトル，$\sum \boldsymbol{F}$ を質点に加わる**合力**とするとき，以下の関
係が成立する．

$$m\frac{d^2\boldsymbol{r}}{dt} = \sum \boldsymbol{F} \tag{2.5}$$

そして，運動方程式を積分して $\boldsymbol{r}(t)$ を知ることを「運動方程式を解く」または「運動を決
定する」という．ただし，運動を決定するには，ある時刻における質点の位置と速度がわかっ
ていなくてはならない．簡単な問題を使って，「運動方程式を解く」とはどういうことかを見
ていこう．

例題 2.3 質量 m の，質点と見なせる物体が位置 y_0 にあり，時刻ゼロで鉛直上方に速度 v_0 で
投げ上げられた．上方を正とした1次元座標系 y を用いる．以下の問に答えよ．

(1) 物体には大きさ $-mg$ の力（重力）がはたらいている．運動方程式を立てなさい．

(2) 運動方程式を2回積分しなさい．積分定数を C_1，C_2 とせよ．

(3) 運動を決定しなさい．

【解答】 (1) $m\frac{d^2y}{dt} = -mg$ $\qquad\qquad\qquad\qquad\qquad\qquad\qquad\qquad\qquad$ (2.6)

(2) $y = -\frac{1}{2}gt^2 + C_1 t + C_2$ $\qquad\qquad\qquad\qquad\qquad\qquad\qquad$ (2.7)

(3) $y = -\frac{1}{2}gt^2 + v_0 t + y_0$ $\qquad\qquad\qquad\qquad\qquad\qquad\qquad$ (2.8)

【解説】 運動を決定するプロセスで，初めに行うのは座標系の決定である．運動によってはデ
カルト座標よりは極座標のほうが好ましい場合もある．本問では運動は上下方向の1次元に限
定されているから，問に与えられた指定は合理的なものである[5]．

(1) 物体には $-y$ 方向で大きさ mg の力がはたらいているから，これを (2.5) に代入すれば解
を得る．

---

[5] 運動方程式はどんな座標系でも必ず解ける．ただ，運動の表現が簡潔か，複雑かの違いだけである．

(2) (2.6)の両辺を m で割り，$\dfrac{d^2y}{dt} = -g$ を得る．意味は「ある関数 $y(t)$ の2階微分が $-g$」ということだから，右辺を2回積分すると $y(t)$ になる．

$$v = -gt + C_1 \tag{2.9}$$

$$y = -\frac{1}{2}gt^2 + C_1 t + C_2 \tag{2.10}$$

単純なべき関数の積分だが，1回積分するごとに積分定数が加わることに注意せよ．

(3) (2)ではまだ運動は決定されていない．なぜなら，C_1，C_2 は任意の定数で，どんな値を入れても微分方程式は満足されるためである．C_1，C_2 を決定するには，C_1，C_2 を含む2つの独立した関係式がなくてはならない．「時刻ゼロの位置」と「時刻ゼロの速度」は決まっているからこれらを用いる．(2.9)，(2.10)に $t = 0$ を代入すればそれぞれ

$$v(0) = C_1 \tag{2.11}$$

$$y(0) = C_2 \tag{2.12}$$

である．つまり，時刻ゼロの位置，速度が観測された値に一致するには，$C_1 = v_0$，$C_2 = y_0$ でなくてはならないことがわかる．(2.10)にこれらを代入し，解を得る． ◆

このようにして，ある時刻の物体の状態と，物体が従う運動方程式が与えられていて，その後の物体の運動を決定する問題を**初期値問題**とよぶ．今解いた問題が意味するところは，「物体の初期状態と，その物体に加わる力を知ることができれば，その後の物体の位置をどこまでも予言することができる」ということなのだ．「未来を知る」というのは太古から人類が求めてやまない夢であったが，ニュートン力学は，1000年先の日食でさえ計算できる強力な予知能力を人類にもたらしたのである．

章 末 問 題

Q 2.1 プロ野球で活躍するある外野手は，その送球があまりに鋭いため「レーザービーム」とよばれ，走者から恐れられていた．しかし，ボールが本当に直線上を進むはずはない．この送球がどれくらい「山なり」か計算しなさい．ライトの守備位置から三塁ベースまでの距離を 50.0 m，送球の初速度を 40.0 m/s（時速 144 km）とする．ボールの最高点と投げた位置の高さの差はどれほどか．ボールが手から離れた位置と三塁手のグラブの高さは同じとする．また，ボールは下向きに 9.8 m/s^2 の重力加速度を受けている．**【ヒント】**運動方程式を使わず，v-t グラフを使うとよい．

Q 2.2 列車が A 駅を 20 m/s で通過した．直後に列車は $+0.50$ m/s^2 の加速度で 20 秒間加速を続け，その後は一定の速度で走り続けた．列車はB 駅に近づくと -1.0 m/s^2 の加速度で減速し，B 駅で停車した．列車が発車してから停止するまでにかかった時間が 190 秒だったとして，A 駅と B 駅の間の距離を求めなさい．

Q 2.3 滑らかな水平の床に3つのブロックが接して置いてあり，それぞれ A，B，C とする．質量は m_A，m_B，m_C である．A を図 2.6 のように水平に押したところ，3つのブロックは接したまま右向きに加速度 **a** で動き出した．以下の問に

2. 運動の法則

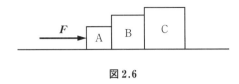

図 2.6

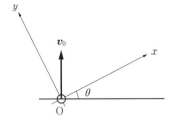

図 2.7

答えよ．ブロックは質点と考えてよい．
(1) ブロック A を押す力の大きさを求めよ．
(2) ブロック B にはたらく，水平方向の力をすべて図示せよ．
(3) ブロック C がブロック B を押す力の大きさを求めよ．
(4) ブロック A がブロック B を押す力の大きさを求めよ．

Q 2.4 例題 2.3 では，「運動はどんな座標系でも必ず解ける」ことを指摘した．例題 2.3 の鉛直投げ上げ運動を，図 2.7 のように x 軸が水平から θ だけ回転した 2 次元の座標系で解いてみなさい．物体にはたらく力は鉛直下向きの重力，$-mg$ である．

(1) x および y が従う運動方程式を立てなさい．
(2) 初速度 v_0，初期位置を $x = y = 0$ として，運動を決定しなさい．
(3) 例題 2.3 から，投げ上げた質点が元の位置に戻ってくるまでに要する時間は $\frac{2v_0}{g}$ とわかる．(2) の解にこの時刻を代入し，$x = y = 0$ となることを示しなさい．

ニュートン力学とラプラスの魔

第 2 章で学んだように，ニュートン力学は，物体の初期条件（位置・速度）と加わる力が与えられれば，物体のその後の運動を正確に予言できるということを教える．

19 世紀フランスの数学者ラプラスは，以下のような仮説を提示して人々を驚かせた．「この世のあらゆる現象は，つきつめれば原子と原子の衝突である．原子と原子の衝突は力を及ぼし合う相互作用で，力は単純な法則に従うだろう．そして，運動はニュートンの運動の法則で記述できる．今，仮に，全知全能の存在がいて，ある瞬間のすべての原子の位置と速度を知り得たとする．そして，その後のすべての原子の運動を運動方程式で計算できるとするなら，この存在には，その後起こることが過去と同様にすべて既知となるのである．」

この，観念上の存在は，その後**ラプラスの魔**とよばれるようになった．ここで重要なのは，仮に「ラプラスの魔」なるものがいなかったとしても，未来はすでに確定している，という事実である．君が例えば今日のお昼に何を食べようか迷った末にカレーライスに決めたとする．しかし，それは，「迷う」という行為も含めて予め決まっていたことだったのだ．

「ラプラスの魔」の仮説は，当時の物理学のみならず，哲学の分野にも大きな論争を引き起こした．しかし，19 世紀後半になり量子力学が勃興すると，原子や分子の微細な世界に特有の，ある興味深い性質が明らかになった．それは，「原子や分子の位置や速度を，原子や分子の状態を乱さずに

知ることはできない．それゆえ，原子や分子のある瞬間の位置と速度を『同時に』知ることは不可能」というものである．簡単にいえば，粒子の位置を知るには，粒子に光か何かを当てて反射を見ることになるが，それは必ず粒子の速度を意図せず乱してしまう，ということだ．この性質は量子力学の第1原理で**不確定性原理**とよばれる．

もちろん，測定により位置と速度を測ることはできるが，それらは測定によって乱された結果であり，「本当の」位置と速度は確率的にしかわからない．現代主流の解釈では，これを「本当の位置と速度がわからないのは，測る方法がないからではなく，それらが本当に定まっていないから」と考える．つまり，未来は不確定なのだ．当代一の物理学者であるアインシュタインは，粒子の位置と速度という最も基本的な物理量が本質的に定まっていないという解釈に不満足で，量子力学には何らかの欠陥があると考えていた．「神はサイコロを振らない」という有名な言葉が残っている．

21世紀になった現在，不確定性原理が正しいことはほぼ確実であることがわかっている．しかし，「確率」という考え方は唯一の解釈ではなくなり，物理量が測定されるごとに世界が分裂する**多世界解釈**というものが最近登場した．例えば君がカレーにするかラーメンにするか決めた時点で世界が2つに分裂し，カレーを食べる君がいる世界とラーメンを食べる君がいる世界が同時並行に存在する，というものだ．SFのネタにもよく使われるので，聞いたことがある読者もいるだろう．

第 3 章
さまざまな力と運動

　前章では，物体にはたらく力と初期状態さえ与えられれば，物体のその後の運動が決定できることを学んだ．本章では，身の回りで見られる力を具体的に取り上げ，運動方程式を解いて，物体の運動を決定してみよう．物体にはたらく力にはさまざまな種類があり，力の大きさは物体のおかれた状況によって変化する．本章の主たる話題は，$m\dfrac{d^2\boldsymbol{r}}{dt^2} = \sum \boldsymbol{F}$ の右辺がどのような法則に従うかを，力の種類ごとに整理分類することである．

　2つ以上の物体が互いに力を及ぼし合う運動で現れる性質については，第5章以降に取り扱うこととして，しばらくは1つの物体が外部から力を受けて運動する問題を考える．さらに，物体は変形せず，回転もしないとしよう．このとき，物体の運動は「質量中心」（→ 9.1.1 項，p. 116）とよばれる1点にすべての質量が存在すると考えたときの，質点の運動方程式に従う．ここからしばらくは，暗黙のうちに物体を質点と近似する．

3.1　重　力

　万有引力の発見は，運動の3法則と並んでニュートンの歴史的偉業である．本来，万有引力は大変弱い力だが，地球の質量があまりに大きいため，地上ではあらゆる物体が地球の中心に引かれるような，かなり大きな力を感じる．これは一般に**重力**とよばれる．地表からそれほど大きく動かない範囲（有効数字の桁数にもよるが，高度数 km 以内）では，物体と地球の間の引力は物体の質量 m に比例する一定の大きさと考えてよく，重力 $\boldsymbol{F}_{\mathrm{g}}$ は以下の式で表される．

One Point　重　力
　地表近くにある物体は，物体の質量 m に比例する鉛直下向きの力を受ける．
$$\boldsymbol{F}_{\mathrm{g}} = m\boldsymbol{g} \tag{3.1}$$

　$\boldsymbol{g}$ は鉛直下向きの加速度の次元をもつ物理量で，**重力加速度**とよばれる．重力加速度の大きさは，厳密には場所によって異なるが，$9.8\,\mathrm{m/s^2}$ がよい近似である．

　地表近くの物体は例外なく重力を受けているが，実際には動かないものがほとんどである．これは，重力につり合う**垂直抗力**や**摩擦力**（後述）がはたらいているためである．しかし，空中に投げ上げられた物体には，空気抵抗を無視すれば，重力のみがはたらいていると考えてよ

い．このような運動は**放物運動**とよばれる．

例題 3.1 図 3.1 のように，時刻ゼロで，質量 m の物体を原点から初速度 $\boldsymbol{v}_0$ で斜め上方に投げ上げた．投げ上げの角度は水平面から測って θ である $\left(0 < \theta < \dfrac{\pi}{2}\right)$．以下の問に答えよ．

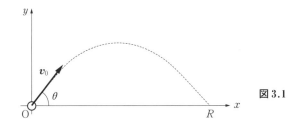

図 3.1

(1) 2 次元デカルト座標を採用し，水平に x 軸，鉛直上方に y 軸をとる．成分ごとに運動方程式を立てなさい．
(2) 運動を決定しなさい．
(3) 物体の運動を $y = f(x)$ の形で表しなさい．
(4) 物体の到達距離 R を θ の関数で表しなさい．
(5) 物体を最も遠くまで到達させる θ を求めよ．

【解答】 (1)
$$m\frac{d^2x}{dt^2} = 0 \tag{3.2}$$
$$m\frac{d^2y}{dt^2} = -mg \tag{3.3}$$

(2)
$$x(t) = (v_0 \cos\theta)t \tag{3.4}$$
$$y(t) = -\frac{1}{2}gt^2 + (v_0 \sin\theta)t \tag{3.5}$$

(3)
$$y = -\frac{g}{2v_0^2 \cos^2\theta}x^2 + (\tan\theta)x \tag{3.6}$$

(4)
$$R = \frac{v_0^2 \sin 2\theta}{g} \tag{3.7}$$

(5) $45°$ または $\dfrac{\pi}{4}$ rad

【解説】 運動を決定するいかなる問題も，出発点は座標系の決定である．続いて，決定した座標系のルールに従い $m\dfrac{d^2\boldsymbol{r}}{dt^2} = \sum \boldsymbol{F}$ を成分ごとに書き下す．デカルト座標においては，力の x, y, z 成分それぞれに対して，$m\dfrac{d^2x}{dt^2} = \sum F_x$，$m\dfrac{d^2y}{dt^2} = \sum F_y$，$m\dfrac{d^2z}{dt^2} = \sum F_z$ が成立する．

(1) 本問は座標系が指定されているのでそれに従う．物体にはたらく力は y 成分，大きさは $-mg$ である．

(2) デカルト座標の運動方程式は成分ごとに独立しているので，積分も独立にできる．(3.2)

と(3.3)をそれぞれ2回積分するのは容易な作業だろう．運動を決定するには初期条件が必要だが，これも $\boldsymbol{v}(0)$ と $\boldsymbol{r}(0)$ を成分に分解して与えればよい．$\boldsymbol{v}(0) = \begin{pmatrix} v_0 \cos\theta \\ v_0 \sin\theta \end{pmatrix}$, $\boldsymbol{r}(0) = \begin{pmatrix} 0 \\ 0 \end{pmatrix}$ を代入，(2)の解を得る．

(3) 解は，$x(t)$ を $t = f(x)$ の形で表し，$y(t)$ の t に代入すれば得られる．(3.4)から $t = \dfrac{x}{v_0 \cos\theta}$ で，これを(3.5)に代入する．整理すれば(3.6)を得る．図3.1にも描かれている通り，(3.6)は下に開いた2次関数で，一般にこれを**放物線**とよぶ．

(4) 放物運動で興味がもたれる事柄の1つは，物体が再び $y = 0$ になるときの x 座標，すなわち到達距離であろう．(3.6)に $y = 0$ を代入すれば

$$x \left\{ \frac{g}{2v_0^2 \cos^2\theta} x - (\tan\theta) \right\} = 0 \tag{3.8}$$

を得て，解けば(3.7)を得る．ただし，(3.7)は三角関数の2倍角の公式，$\sin 2\theta = 2\sin\theta \cos\theta$ を利用して式を整理している．ここで，(3.8)は $x = 0$ も解であることに気づくだろうか．問題の仮定から，物体は $t = 0$ で $(0,0)$ にいるので，これはトリビアル（当たり前）ではあるものの物理的に妥当な解である．ただし，本問の趣旨から $(0,0)$ は棄却される．

(5) (3.7)を θ で微分して，ゼロになる θ を求めればよい．これは，$R(\theta)$ が唯一の最大値をもつ関数で，最大値を取るときにグラフの接線が水平になる，すなわち微分がゼロになる性質を使用している．$\dfrac{dR}{d\theta} = 2\dfrac{v_0^2 \cos 2\theta}{g} = 0$ を満たす θ は 45° である．

【別解】 (5)は，もっと簡単に解く方法がある．正弦関数 (sin) は -1 から 1 の間しか取れないから，(3.7)を最大にするのは $\sin 2\theta$ が 1 になるような角度であることは明らかである．そこから $\theta = 45°$ が直ちに得られる． ◆

3.2 垂直抗力

図3.2は，摩擦のない水平なテーブルの上に置かれた物体を表している．物体には重力がはたらいているにもかかわらず静止している．「当たり前」と思うかもしれないが，もう少し深く考えてみよう．慣性の法則により，物体が動かないのは物体にはたらく力が正味ゼロだからと断言できる．物体に重力がはたらいているのは確実だから，それを打ち消すもう1つの，鉛直上向きの力が物体にはたらいている，というのがニュートン力学から導かれる結論である．

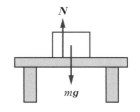

図3.2 テーブルの上で静止している物体．動かないのは「物体にはたらく合力がゼロだから」と解釈する．

我々は，直感的に，2つの物体を押しつけると互いに押し返すような力がはたらくことを知っている．これを**垂直抗力**とよぶ．垂直抗力の起源とその性質

を厳密に考えるなら，物体を構成する原子構造からスタートしなくてはならない．しかし，観測される現象から，次のように考えて差し支えない．

> ### *One Point* 垂直抗力
> (1) 2つの物体が接するとき，接触面には「垂直抗力」がはたらく．
> (2) 垂直抗力は，接触面に垂直な方向に，かつ面同士が押し合う方向にのみはたらく．
> (3) その結果，垂直抗力は物体同士が重ならないようその運動を制限する．それゆえ垂直抗力は**拘束力**ともよばれる．

なお，垂直抗力がマイナスになれない（面同士が引き合う方向にははたらかない）性質は，第5章で「ジェットコースターの問題」（→ p. 85, Q 6.3）を考えるときに重要な意味をもつ．

上に挙げた垂直抗力の性質から，その大きさは以下のように決定できる．

> ### *One Point* 垂直抗力の求め方
> (1) ある物体にはたらいている，垂直抗力以外の力をすべて書き出す．
> (2) 物体が動ける方向を規定する．
> (3) 物体の，「動ける方向」以外の方向の力はすべてつり合っていなくてはならない．
> (4) そこから垂直抗力の大きさが決まる．

具体例として以下の問題を考えよう．

例題 3.2 図 3.3 のように，摩擦のない角度 θ の斜面上に質量 m のブロックが置かれている．ブロックは，斜面に沿った力で支えられて静止している．以下の問に答えよ．
(1) ブロックにはたらく垂直抗力の大きさを求めよ．
(2) 斜面に沿って物体を支える力の大きさを求めよ．
(3) 斜面下向きに沿って x 軸を取る．時刻ゼロで物体を支える力を取り去った．時刻ゼロにおける物体の位置を $x=0$ として運動を決定しなさい．

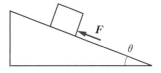

図 3.3

【解答】 (1) $mg\cos\theta$　　(2) $mg\sin\theta$　　(3) $x(t)=\dfrac{1}{2}(g\sin\theta)t^2$

【解説】 図 3.3 に，物体にはたらくすべての力を書き入れたものが図 3.4 である．物体には重力 mg がはたらいているにもかかわらず静止している．すなわち，力はつり合っている．
(1), (2) 重力を斜面に平行な成分と斜面に垂直な成分に分解すれば，大きさはそれぞれ $mg\sin\theta$, $mg\cos\theta$ であり，図から $mg\sin\theta$ が力 $\boldsymbol{F}$ と，$mg\cos\theta$ が垂直抗力 $\boldsymbol{N}$ とつり合っていることがわかる．3つの力ベクトルを結ぶと閉じた三角形になる（つまりゼロになる）ことに注意．

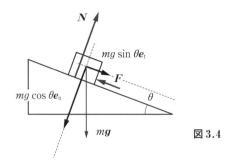

図 3.4

(3) 力 F を取り去ると,物体にはたらく力の斜面に沿った成分のつり合いが破れ,物体は加速を始める.常識が教えるところにより,物体は斜面を滑り下るから,物体にはたらく力の斜面に垂直な成分はつり合っている.運動方程式は $m\dfrac{d^2x}{dt^2} = mg\sin\theta$ で,これを解いて初期条件を代入すれば解答を得る.　◆

3.3　ばねの復元力

図 3.5 のように,ばねの先に質量 m のおもりをつけたときの,1 次元のおもりの運動について考える.ばねは自然長 l で,他端は動かないよう固定されている.おもりを押したり引いたりすると,ばねはおもりに対し,自然長に戻ろうとする方向の力を及ぼす.これを**復元力**とよぶ.復元力は,以下に示す**フック**[†6]**の法則**に従う.

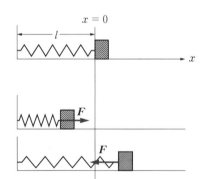

図 3.5　ばねの復元力

> *One Point*　フックの法則
>
> ばねは,常に自然長に戻ろうとする力を他の物体に及ぼす.ばねの変位を x,力を F とするとき,
>
> $$F = -kx \tag{3.9}$$
>
> の関係が成立する.$k\,[\mathrm{N/m}]$ はばね固有の**ばね定数**である.

[†6] 17 世紀イギリスの物理学者.

床が水平で摩擦はないとすると，鉛直方向の力がつり合うため，おもりはばねからのみ力を受けていると考えてよい．さらに，ばねは軽く，その質量は無視できるとすると，運動方程式は「ばねの復元力を受けて運動する，質量 m のおもりの位置 x」に関するものだけを考えればよい．ばねが自然長のときのおもりの位置を原点にとれば，運動方程式は以下の通りである．

$$m\frac{d^2x}{dt^2} = -kx \tag{3.10}$$

さて，この運動方程式はどう解いたらよいのだろうか．解がべき関数でないことは明らかだ．なぜなら，運動方程式は，$x(t)$ を2回微分すると負号がついて元と同じ関数になることを要請する．この性質をもつ関数の1つとして，正弦関数 (sin) が挙げられる（→ 1.3.1項，p. 11）．直感的には，おもりは原点を中心に左右に振動するから，どうやら解は正弦関数になるだろう，と予想できる．

本章では，おもりの運動についての考察はここまでとしよう．(3.10)のような形の微分方程式は「線形微分方程式」とよばれるものの一種で，その一般的解法はコラム（→ p. 42）に示した．また，ばねとおもりの系は典型的な「単振動」の問題で，これは第7章で詳しく取り上げる．興味をもった読者は，ここで第7章を先に学んでもよい．

3.4 摩 擦 力

地球上で運動するあらゆる物体は，放っておけば停止する．これは，運動には一般に「摩擦」が伴うからである．「力がはたらかない限り物体は等速運動を続ける」という「慣性の法則」は，ガリレオ・ガリレイ[7]によって初めて提唱されたが，その常識はずれの主張は当初なかなか受け入れられなかったという．

現代では，摩擦は1つの独立した学問分野として成立している（トライボロジー）．しかし，我々は，数ある力の1つとして**摩擦力**を捉え，その詳細なメカニズムには踏み込まない．大学初年次で学ぶ力学においては，摩擦力は以下のような力と定義される．

One Point **摩 擦 力**

(1) 2つの物体が接触するとき，接触面には「摩擦力」がはたらく．

(2) 摩擦力の大きさは面に平行である．

(3) 摩擦力は，接触面が互いに動いていないときの**静止摩擦力**と，互いに動いているときの**動摩擦力**に分類される．

静止摩擦力は以下のルールに従う．

---

†7 ニュートン以前の，最も偉大な科学者の1人．業績は多岐にわたるが，本書関連では上述の「慣性の法則」の他，「振り子の等時性」も発見している．「地動説」を主張，宗教裁判にかけられたことでも有名．

One Point 静止摩擦力のルール

(1) 静止摩擦力 F_s は，物体が静止状態を保つのに必要な大きさだけ生じる．

(2) ただし，静止摩擦力の最大値には限界がある．これを**最大静止摩擦力** F_{smax} とよぶ．最大静止摩擦力の大きさは，面にはたらく垂直抗力 N と**静止摩擦係数** μ_s の積である．

$$F_{smax} = \mu_s N \tag{3.11}$$

(3) F_{smax} を超える静止摩擦力がないと物体が静止を保てないような条件のとき，物体は運動を始める．

物体が運動を始めると，摩擦力は動摩擦力となり，以下のルールに従う．

One Point 動摩擦力のルール

(1) 動摩擦力 F_k の大きさは，面にはたらく垂直抗力 N と**動摩擦係数** μ_k の積である．

$$F_k = \mu_k N \tag{3.12}$$

(2) 動摩擦力は運動と反対向きにはたらく．

(3) 動摩擦力の大きさは運動の速さによらない．

そして，静止摩擦力が限界を超えると動摩擦に移行するという性質から，$\mu_s > \mu_k$ が成り立つ．これらのルールは物理法則ではなく，運動を決定するため都合よく定められたものなのだが，現実の摩擦力はこれらのルールでよく近似される．以下の問題を考えよう．

例題 3.3 図 3.6 のように，摩擦のある斜面にブロックが置かれている．ブロックの質量を m，斜面の角度を θ，斜面とブロックの間の静止摩擦係数を μ_s，動摩擦係数を μ_k として以下の問に答えよ．

(1) 初め，ブロックは静止している．摩擦力の大きさを求めよ．

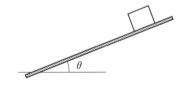

図 3.6

(2) 斜面の角度を増していったところ，角度 θ_0 で物体が滑り出した．θ_0 を求めよ．

(3) その後の物体の運動は，斜面に沿った等加速度運動である．加速度の大きさを求めよ．

【解答】 (1) $mg \sin \theta$ (2) $\tan^{-1} \mu_s$ (3) $g(\sin \theta_0 - \mu_k \cos \theta_0)$

【解説】 (1) 解答に μ_s は出てこない．初学者が陥りやすい誤りである．μ_s は「最大の静止摩擦力」を与える係数で，ほとんどの場合，摩擦力はそれより小さい．この場合，静止摩擦力はルール (1) で決まる．

(2) 「動く直前」の条件になって初めて μ_s が登場する．このとき，斜面に沿った力のつり合いは以下のように書ける．

$$mg \sin \theta_0 = \mu_s mg \cos \theta_0$$

これを μ_s について解けば解を得る．

(3) 動摩擦力が斜面上向きに $\mu_k mg\cos\theta_0$，重力の斜面下向き成分が $mg\sin\theta_0$ であることを考え，運動方程式を立てる． ◆

3.5 ひもの張力

物体が**ひも**で結ばれている状況も，力学ではよく取り扱われる．物体はひもから**張力**を及ぼされる．ひもが軽く，伸びないという仮定では，張力の大きさおよび方向，そしてひもの両端に取りつけられた物体の運動には以下の性質がある．

One Point　ひもの張力
(1) ひもの両端につけられた物体には同じ大きさの張力がはたらく．
(2) 張力の方向はひもの方向に一致する．
(3) 張力は，ひもが伸びず，たるまないように物体の動きを制限する．それゆえ張力は拘束力の一種である．
(4) ひもの両端の物体は同じ速さで運動する．それゆえ両物体の加速度の大きさは等しい．

ひもがたるんだらどうなるか，という疑問が湧くかもしれないが，力学ではこの問題はあまり取り扱わない．もちろん，たるんだひもは張力を及ぼすことはなく，2つの物体は互いに自由に動く．しかし，物体間の距離が再びひもの長さを超えようとするとき，「伸びないひも」は張力が無限大になってしまう．実際には，ひもはわずかに伸びるので，非常に大きな張力が一瞬かかり，2つの物体には大きな加速度が加わる．例えばロープを使って故障車を牽引する場合などがこれにあたり，運転を誤ると大変危険である．

ひもと組み合わせてよく使われるのが**滑車**である．多くの場合，滑車はその質量が無視でき，抵抗なく回転できると仮定される．そのため，滑車は単に張力の方向を変換するだけのはたらきをもつ．滑車の質量が無視できない問題は第11章で扱おう．

例題 3.4 図 3.7 のように，質量 m と M のおもりが軽く伸びないひもで結ばれている．質量 M のおもりは摩擦のある水平な床に置かれている．滑車の抵抗，質量は無視できる．おもりが図 3.7 の状態で静止しているとき，以下の問に答えよ．
(1) ひもの張力を求めよ．
(2) 床と質量 M のおもりの間の静止摩擦係数の最小値を求めよ．

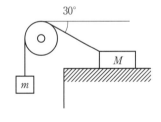

図 3.7

【解答】 (1) mg　(2) $\dfrac{\sqrt{3}\,m}{2M - m}$

【解説】 問題図に，存在する力をすべて図示したものを図 3.8 に示す．ほとんどの力は水平ま

たは鉛直なので，質量 M のおもりにかかる張力は分解して考える．おもりは静止しているので，すべての力はつり合っている．すなわち，図に示されたベクトルをすべて足すとゼロにならなくてはいけない．

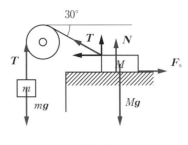

図 3.8

(1) 質量 m のおもりにかかる力のつり合いから明らかに $T = mg$ とわかる．

(2) ひもの張力の性質から，質量 M のおもりにかかる張力も mg で，これはおもりを左に引こうとする成分と，おもりを持ち上げようとする成分に分解できる．鉛直成分で未知の力は垂直抗力 N だが，これはつり合いの条件から $N = Mg - \frac{1}{2}mg$ とわかる．一方，静止摩擦力 F_s は $F_s = \frac{\sqrt{3}}{2}mg$ である（$\mu_s N$ ではない !!）．しかし，F_s は最大でも $\mu_s N$ にしかなれない，というのが静止摩擦のルールである．μ_s が充分大きければ，質量 M のおもりは余裕で静止していられる．では，質量 M のおもりが動き出す限界は，というと，静止摩擦力が最大静止摩擦力に一致するような条件である．式を立てると

$$\frac{\sqrt{3}}{2}mg = \mu_s \left(Mg - \frac{1}{2}mg\right)$$

となる．後は，これを μ_s について解けば解答を得る．

ちょっとした検算をしてみよう．まず，$m = 0$ の極限を考える．すると $\mu_s = 0$ を得るが，これは，質量 m のおもりがないときは摩擦がなくとも質量 M のおもりが静止していられることを意味する．続いて，分母の $2M - m$ に注目する．摩擦係数にマイナスはありえないから，この問題が成立するためには $2M > m$ でなくてはならないことがわかる．では，この条件を超えるとどうなるかというと，質量 m のおもりが生む張力で質量 M のおもりが浮き上がってしまうのだ． ◆

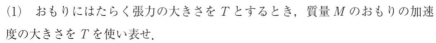

例題 3.5 図 3.9 は**アトウッドの器械**とよばれる有名なものである．質量が M と m のおもりがひもで結ばれ，滑車にかけられている．滑車の質量および摩擦は無視できるものとする．M は m よりわずかに大きい．手を放すと質量 M のおもりが落下する（質量 m のおもりが上昇する）が，運動は自由落下に比べゆっくりであるため測定が容易である．そのため，この系は高精度な時間測定器がなかったころに重力加速度を計測する装置として考案された．以下の問に答えよ．

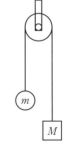

図 3.9

(1) おもりにはたらく張力の大きさを T とするとき，質量 M のおもりの加速度の大きさを T を使い表せ．

(2) 質量 M のおもりの加速度の大きさを M, m, g を使い表せ．

(3) 質量 M のおもりは地上から h の位置にいるとする．時刻ゼロでおもりから手を離したとして，質量 M のおもりが着地するまでの時間を求めよ．

(4) $M = 1.0\,\mathrm{kg}$, $m = 0.98\,\mathrm{kg}$, $h = 1.0\,\mathrm{m}$ として，(3) の具体的数値を求めよ．

【解答】 (1) $\dfrac{Mg - T}{M}$ (3.13)

(2) $\dfrac{M - m}{M + m} g$ (3.14)

(3) $\sqrt{\dfrac{2(M + m)h}{(M - m)g}}$

(4) $4.5\,\mathrm{s}$

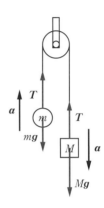

図 3.10

【解説】 おもりにはたらく力を図示したものが図 3.10 である．2 つのおもりは同じ張力を受けており，同じ加速度で運動している点がポイント．

(1) 質量 M のおもりにかかる合力に運動の法則を適用する．

(2) 質量 m のおもりにかかる合力で同様の計算をすれば，$ma = T - mg$ を得る．これを T について解き，(3.13) に代入すれば解を得る．

(3) 初速度ゼロ，加速度 a の等加速度運動は $y = \dfrac{1}{2}at^2$．$y = h$ になる時刻は $t = \sqrt{\dfrac{2h}{a}}$ で，a に (3.14) を代入する．

(4) 具体的な数値を入れるとこうなる．自然な落下だと，1 m 落ちるのにかかる時間は 0.5 秒ほどだから，随分と遅くなることがわかる． ◆

3.6 速度に比例する抵抗力

空気中や水中など，流体の中を運動する物体について考える．物体は流体から抵抗力を受けるが，抵抗力は，物体の速さに比例する**粘性抵抗**と，物体の速さの 2 乗に比例する**慣性抵抗**に分類される．ここで，流体が重く，運動が遅いときには[†8] 慣性抵抗は無視できる．空気中を落下する微細な雨粒や，水中を落下する大抵の物体の運動にこの近似が当てはまる．逆に，流体が軽く，運動が速いときには粘性抵抗は無視できて，抵抗は慣性抵抗だけと考えてよい．空気中でふわふわと漂わないような物体は，空気に対して**慣性領域**にあると考えてよい．慣性領域の運動方程式は $\left(\dfrac{dx}{dt}\right)^2$ を含むため，$x(t)$ を求めるのは容易ではない．本書では，粘性抵抗のみがはたらくと考えてよい**粘性領域**の運動のみを扱う．

図 3.11 に示された，軽い物体の空気中における落下運動を考える．運動は 1 次元なので，鉛直上方に y 軸を取る．物体にはたらく力は重力と粘性抵抗力で，運動方程式は以下のよう

[†8] ここでは曖昧な言葉を使っているが，**レイノルズ数**という無次元量がその指標となる．

になる.

$$m\frac{d^2y}{dt^2} = -mg - \gamma\frac{dy}{dt} \quad (3.15)$$

定数 γ は**粘性抵抗係数** [kg/s] である．このままだと少々見通しが悪いので，運動方程式を $v = \dfrac{dy}{dt}$ で書きかえる．

$$m\frac{dv}{dt} + \gamma v = -mg \quad (3.16)$$

これは，「1 階非斉次線形」とよばれる微分方程式である．線形微分方程式にはいくつかの解法がある．多くの教科書では，解法が直感的な「変数分離法」を使うが，本書では特性方程式を使った一般的解法をいわば「天下り」に導入する．線形微分方程式の一般的解法についてはコラム（→ p.42）で解説した．まだ習ったことがない，という読者はそこを読んでから進んでほしい．

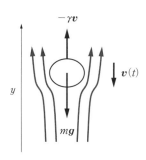

図 3.11 粘性抵抗を受ける落下運動

では運動を決定してみよう.

例題 3.6 図 3.11 に示された運動を決定する．以下の問に答えよ．
(1) 運動方程式は (3.16) で表される．運動方程式を解きなさい．
(2) 物体は時刻ゼロで静止状態であった．$v(t)$ を決定しなさい．
(3) 物体は時刻ゼロで $y = 0$ にいた．運動を決定しなさい．

【解答】 (1) $v(t) = C_1 e^{-(\gamma/m)t} - \dfrac{mg}{\gamma}$ （C_1 は任意の定数） (3.17)

(2) $v(t) = \dfrac{mg}{\gamma}\{e^{-(\gamma/m)t} - 1\}$ (3.18)

(3) $y(t) = \left(\dfrac{m}{\gamma}\right)^2 g\left\{1 - e^{-(\gamma/m)t} - \dfrac{\gamma}{m}t\right\}$

【解説】 (1) 特性方程式は $m\lambda + \gamma = 0$ で，解いて $\lambda = -\dfrac{\gamma}{m}$ を得る．したがって，斉次形微分方程式の解は $v(t) = C_1 e^{-(\gamma/m)t}$（$C_1$ は任意の定数）とわかる．続いて，非斉次形の特殊解を求める．右辺が定数のとき，特殊解は定数である．$v = -\dfrac{mg}{\gamma}$ を試してみると，解となっていることがわかる．したがって，非斉次形の一般解は斉次形の一般解と非斉次形の特殊解を加えた (3.17) となる．

(2) (3.17) に $t = 0$ で $v = 0$ を代入すると $C_1 = \dfrac{mg}{\gamma}$ を得るので，整理して (3.18) を得る．

(3) まず $y(t)$ の一般解を求める．これは，(3.18) を t で 1 回積分すればよい．計算すると

$$y(t) = \frac{mg}{\gamma}\left\{-\frac{m}{\gamma}e^{-(\gamma/m)t} - t\right\} + C_2 \quad (C_2 \text{ は任意の定数}) \quad (3.19)$$

を得る．運動を決定するため，(3.19)に $t=0$ で $y=0$ を代入，C_2 を定めると，$C_2 = \left(\dfrac{m}{\gamma}\right)^2 g$ となるので，これを (3.19) に代入する． ◆

ある物理量 I の時間変化 $I(t)$ が以下の微分方程式

$$\frac{dI}{dt} + \frac{I}{\tau} = 0 \qquad (\tau \text{ は定数}) \tag{3.20}$$

の形をもつとき，$I(t)$ は**指数関数的減衰**とよばれる以下の関数となる．

$$I(t) = I_0 e^{-t/\tau} \tag{3.21}$$

ここで，I_0 は時刻ゼロにおける I の値である．

指数関数的減衰で表される物理現象は放射性元素の崩壊，光の吸収，共振器からのエネルギー散逸，コンデンサーの放電など多く，物理量の時間変化として最も基本的なものの 1 つである．そして，今解いた抵抗を受ける物体の落下運動の $v(t)$ も，指数関数的減衰と定数の和で表されている．

落下速度の時間変化，(3.17) をグラフにすると図 3.12 のようになる．時刻ゼロでゼロだった速度が初めは一定の割合で（マイナス方向に）増加していき，増加率を減らしつつ，ある一定の速度に漸近する様子がわかる．粘性抵抗を受け落下する物体が最終的に達する速度 v_∞ は**終端速度**とよばれ，それは非斉次形の特殊解で表される．微分方程式の特殊解とは，「微分方程式を満たす，ある特別な状態における関数の形」であるから，これは納得がいく結果である．

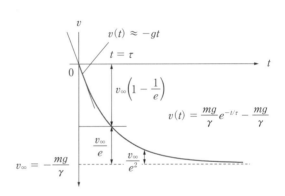

図 3.12 (3.17) で表される速度の時間変化をグラフにしたもの

(3.21) における定数 τ は**時定数**とよばれるもので，時間の次元をもつ．(3.18) の時定数は $\dfrac{m}{\gamma}$ である．時定数は，指数関数的に減衰する変化の，「変化にかかる時間の目安」という意味をもつ．(3.18) に時刻 τ を代入すると指数関数は e^{-1} となり，そのときの速度は $v_\infty\left(1 - \dfrac{1}{e}\right)$ である．速度を v_∞ を基準にとって測れば，その差は時間が τ だけ経過するごとに $\dfrac{v_\infty}{e}, \dfrac{v_\infty}{e^2}, \dfrac{v_\infty}{e^3}, \ldots$ と小さくなっていく．

次に，時刻がゼロに近いところの速度変化に注目しよう．t が τ に比べて小さいとき，$e^{-t/\tau}$ は $1 - \dfrac{t}{\tau}$ に近似できる．これを (3.18) に代入すれば $v(t) = -gt$ となる．すなわち，落下運動が始まった直後は空気抵抗が無視できるため，運動は抵抗のない自由落下運動に近似できる

ということを意味する．

章末問題

Q 3.1 10円玉と定規の間の動摩擦係数を計測するために，以下の実験を行った（図3.13）．まず，10円玉を定規の端に乗せ，徐々に角度をつけていく．動き出したらそこで定規を止め，端から端まで滑り落ちるのに要した時間を計測した．10円玉が動き出した角度がθ_0，長さlの定規を端から端まで滑るのにt_0秒かかったとして，動摩擦係数を求めよ．

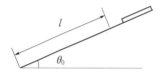

図 3.13

Q 3.2 図3.14は，半径Rで半球型のボウルの，ちょうど半分の高さのところを一定の速さで回転する小球を表している．ボウルが小球に及ぼす垂直抗力の大きさを求めよ．

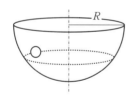

図 3.14

Q 3.3 角度θの摩擦のない斜面に物体が置かれている．図3.15のように座標系を取り，物体の位置を$\boldsymbol{r}=(0,h)$とする．時刻ゼロで物体を静かに離した．以下の問に答えよ．
(1) 運動を決定しなさい．
(2) 物体が斜面を滑りきるまでにかかる時間を求めなさい．

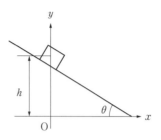

図 3.15

Q 3.4 質量mのブロックが，初速度v_0で摩擦のある水平な床を滑る．その後のブロックの運動について答えよ．床とブロックの間の動摩擦係数はμ_kとする．
(1) ブロックが滑る方向をx軸として運動方程式を立てなさい．
(2) ブロックが静止するまでにどれくらいの距離を滑るか答えよ．

Q 3.5 ひもでつながれた2つのおもりがある（図3.16）．おもりAの質量はm_A，おもりBの質量はm_Bである．

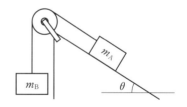

図 3.16

(1) 斜面とおもりAの間の静止摩擦係数をμ_sとする．ひもにつながれないとき，おもりAは自然に滑り降りる．この系が静止状態を維持するための条件を示しなさい．
(2) おもりAを軽くつつくと，おもりは等速度で斜面を滑り降りた．斜面の動摩擦係数を求めよ．

Q 3.6 質量 m のブロックが摩擦のある角度 θ の斜面に置かれ，斜面に垂直な力を加える棒で支えられている（図 3.17）．ブロックと斜面の間の静止摩擦係数は μ_s である．棒を離すとブロックは滑り出す．このとき以下の問に答えよ．

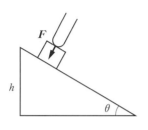

図 3.17

(1) ブロックと棒の間には摩擦がない．ブロックが止まっていられるために必要な力 F の最小値を答えよ．
(2) μ_s は不明だが，その最大値を見積もることができる．その値を答えよ．

Q 3.7 水平な床の上に質量 M のブロック大があり，その上に質量 m のブロック小が乗っている（図 3.18）．床とブロック大の間の動摩擦係数を μ_k，ブロック大とブロック小の間の静止摩擦係数を μ_s とする．ブロック大を水平に引くとき，以下の問に答えよ．

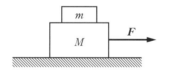

図 3.18

(1) ブロック小がブロック大に対して静止しており，ブロック大は一定の速度 v_1 で動いている．ブロック小に作用する摩擦力の大きさを求めよ．
(2) ブロック大を引く力を増していくと，あるところでブロック小が滑り出した．滑り出す直前の状態で，ブロック小に作用するすべての力を図 3.18 に書き込みなさい．
(3) (2) の状態のとき，ブロック大の加速度を求

めよ．

Q 3.8 図 3.19 のように，水平な天井から 2 本のひもでおもりを支えた．おもりの質量を m とするとき，張力 T_1, T_2 の大きさを求めよ．

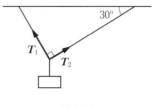

図 3.19

Q 3.9 図 3.20 のように，質量 m と M の 2 個のおもりがひもと滑車を組み合わせた装置で天井から吊るされている．以下の問に答えよ．

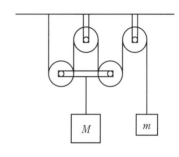

図 3.20

(1) M と m の間に成り立つ関係を答えよ．
(2) 天井にかかる力を m を使い表せ．

Q 3.10 速度に比例する抵抗を受け，鉛直方向に運動する物体について，以下の問に答えよ．
(1) 抵抗力は $-\gamma v$（γ は定数）と表される．鉛直上向きを正に y 軸を取り，物体の v_y についての運動方程式を立てなさい．
(2) 運動方程式を解きなさい．積分定数を C とせよ．
(3) $t=0$ で物体を初速度 $\dfrac{mg}{\gamma}$ で上向きに投げ上げた．$v_y(t)$ を定めよ．
(4) $t=0$ で物体は $y=0$ の位置にいた．$y(t)$ を定めよ．
(5) v-t 線図を用いて，物体が到達する高さは

42 3. さまざまな力と運動

抵抗がない場合の何割程度となるか，およその値を見積りなさい．

(6) (3), (4) の解を用い，物体が到達する高さを正確に求めよ．

線形微分方程式の一般的解法

多くの物理学においてその基本法則は，ある「作用」とその作用により引き起こされる別の物理量の変化率の関係，という形を取り，それは通常**微分方程式**で表される．つまり，物理を学ぶためには，微分方程式を解くことがどうしても避けられない．一方で，微分方程式の解法は，それはそれで独立した学問分野であり，きちんと学ぶためにはそのために書かれた一冊の本を読む必要がある．

これは，大学初年次向けの力学の講義においては悩ましい問題である．多くの教科書では**変数分離法**を使い，正統な微分方程式の解法を避けているが，これはいわば「鶴亀算」のようなもので，技巧的であることから，本来の目的である物理の理解を阻害する要因ともなっている．やはり最初から，応用範囲の広い「連立方程式」に相当する解法を使ったほうがよい，というのが筆者の考えである．そこで，本書では，微分方程式の解法の理論については他書にゆずり（どうせ，他の講義で学んでいるはず），その手法だけを天下りに導入して利用する，という立場を取る．以下に述べるのは，本書の範囲で必要な微分方程式の解法のテクニックである．

問題を，「時刻 t の関数で表される x，すなわち $x(t)$ の微分方程式」に限定する．微分方程式の定義は，「x，x の導関数，t の関数 $f(t)$ を等号で結んだもの」である．次に，微分方程式を解くとはどういうことかというと，それは「前述の等式を満足する $x(t)$ を見出すこと」である．

次に，微分方程式を 2 つの基準で分類する．1 つは「線形・非線形」で，もう 1 つは「斉次・非斉次」である．**線形微分方程式**とは，方程式が x とその導関数，$f(t)$ のみからなるもので，x^2 や $\sin x$ など，x を引数とする関数を含まないものである．一方の**非線形微分方程式**はそれらを含む．**斉次微分方程式**は t の関数 $f(t)$ を含まず，**非斉次微分方程式**はそれを含む．これらの分類により，微分方程式は 4 種類に分かれる．今，$f(t)$ として $\sin(\omega t)$ を例にとり，まとめたものが表 3.1 である．

斉次線形微分方程式の解は決まっている．一般に，n 階の斉次線形微分方程式を

$$a_n \frac{d^{(n)}x}{dt^n} + a_{n-1} \frac{d^{(n-1)}x}{dt^{n-1}} + ... + a_1 \frac{dx}{dt} + a_0 x = 0$$

（ただし $a_0, a_1, ..., a_n$ は定数）

(3.22)

のように表せば，その解は以下のように表されることが知られている．

表 3.1 微分方程式の分類

	斉次	非斉次
線形	$a_2 \dfrac{d^2 x}{dt^2} + a_1 \dfrac{dx}{dt} + a_0 x = 0$	$a_2 \dfrac{d^2 x}{dt^2} + a_1 \dfrac{dx}{dt} + a_0 x = \sin(\omega t)$
非線形	$a_1 \left(\dfrac{dx}{dt}\right)^2 + a_0 x = 0$	$a_1 \left(\dfrac{dx}{dt}\right)^2 + a_0 x = \sin(\omega t)$

※ a_0, a_1, a_2, ω は定数

$$x(t) = C_1 e^{\lambda_1 t} + C_2 e^{\lambda_2 t} + \ldots + C_n e^{\lambda_n t}$$
$$(3.23)$$

ここで，$C_1, C_2, \ldots, C_n$ は任意の定数，$\lambda_1, \lambda_2, \ldots,$ λ_n は以下で定義される**特性方程式**の根である．

$$a_n \lambda^n a_{n-1} \lambda^{n-1} + \ldots + a_1 \lambda + a_0 = 0 \quad (3.24)$$

特性方程式は n 次方程式で，複素数の範囲まで含めれば必ず n 個の根が存在する[†9]．それを端から $\lambda_1, \lambda_2, \ldots, \lambda_n$ と名づけ，(3.23) に代入すれば微分方程式は解ける．具体的にやってみよう．微分方程式を

$$m \frac{dx}{dt} + \gamma x = 0 \quad (3.25)$$

とする．すると，特性方程式は

$$m \lambda + \gamma = 0 \quad (3.26)$$

で，直ちに唯一の根が $\lambda = -\dfrac{\gamma}{m}$ とわかる．したがって，(3.25) の解は

$$x(t) = C e^{-(\gamma/m)t} \quad (C \text{ は任意の定数})$$
$$(3.27)$$

である．念のため，(3.27) を (3.25) に代入し，解であることを確認しよう．

(3.27) は，(3.25) を満たすあらゆる方程式を含む．これを微分方程式の**一般解**という．一方，微分方程式を

$$m \frac{dx}{dt} + \gamma x = -mg \quad (3.28)$$

としたとき，$x(t) = -\dfrac{mg}{\gamma}$ は，やはり微分方程式の解である．$-\dfrac{mg}{\gamma}$ は定数だから微分するとゼロで，確かにこれは (3.28) を満たす．しかし，これは，(3.28) を満足するあらゆる解を含まない．これを微分方程式の**特殊解**という．そして，非斉次線形微分方程式の一般解は，「斉次形の一般解と非斉次形の特殊解を足す」ことで得られることが知られている．ちょうど，(3.28) の斉次形が (3.25) だから，(3.28) の一般解は以下のように

表される．

$$x(t) = C e^{-(\gamma/m)t} - \frac{mg}{\gamma} \quad (C \text{ は任意の定数})$$
$$(3.29)$$

微分方程式の解が正しいかどうかを確認するのは比較的易しい作業だから，これも確認しておこう．

ここまでの説明で，本書で必要な微分方程式の解法の知識としては充分である．非斉次形の特殊解を見出す作業は，右辺の $f(t)$ が単純な関数なら易しいが，複雑な関数の場合はちょっとしたコツがある．例として以下の問題を試してみよう．

問題 $\dfrac{1}{\omega} \dfrac{dx}{dt} + x = \sin(\omega t)$ の特殊解を求めよ（ω は定数）．

【解答】 $x(t) = \dfrac{1}{2} \{ \sin(\omega t) - \cos(\omega t) \}$

【解説】 特殊解は，$\sin(\omega t)$ と $\cos(\omega t)$ を含む何らかの関数であろう，ということは見当がつくが，当てずっぽうにやってもまず無理．解を $A \cos(\omega t) + B \sin(\omega t)$ と仮定して，微分方程式を満足する A, B を求める．ついでに，問題で与えられた微分方程式の一般解は，斉次形の一般解を足して，

$$x(t) = C e^{-\omega t} + \frac{1}{2} \{ \sin(\omega t) - \cos(\omega t) \}$$
$$(C \text{ は任意の定数})$$
$$(3.30)$$

である．代入して確認すること．　　　◆

最後に，非線形の微分方程式はどうなるかというと，これは「一般的に解く手法はない」というのが答えである．本書でも，非線形の運動方程式は登場する．例えば，振幅が大きい振り子の運動方程式は，振り子の振れ角 θ を変数として

$$ml \frac{d^2\theta}{dt^2} = -mg \sin \theta \quad (3.31)$$

[†9] 重根になる可能性もあるが，ここでは詳しく述べない．

と書ける（→ p.91, 例題 7.4）. これは, 微分方程式が $\sin\theta$（$\sin t$ ではない!!）を含むため非線形である. そしてその解は $\theta(t)$ の陽関数で表すことができず, 以下のように大変複雑な表現となる（文献[5]）.

$$\int_0^\theta \frac{d\left(\frac{\theta}{2}\right)}{\sqrt{\sin^2\frac{\theta_0}{2} - \sin^2\frac{\theta}{2}}} = \sqrt{\frac{g}{l}}\,t$$

（θ_0 は振り子の振幅）

(3.32)

第 4 章
仕事とエネルギー

　我々は，第2章で「ニュートンの運動の法則」を学び，第3章でそれをさまざまな力とその力によって引き起こされる運動に適用した．極論すれば，あらゆる運動は運動方程式の解であり，運動を知りたければ運動方程式を立て，それを解くだけで事足りるのである．しかし，ニュートン力学では，本章で登場する「エネルギー」の他に，「運動量」「力積」「慣性力」などさまざまな物理量や概念が登場する．それらを学ぶと，運動をより直感的に理解することができるし，運動の背後にあるもっと深い物理的洞察を得ることも可能だ．なにより，これらの概念は問題を解く際の強力な武器となる．本章では「力学的仕事」と「力学的エネルギー」について学び，そこから導かれる「エネルギー保存則」の意味について考える．

4.1　力学的仕事

　力学的仕事という以下の物理量を定義する．

> ### *One Point*　力学的仕事
> 　物体に力 $\boldsymbol{F}$ を加え，「力を加えた方向に」Δs 移動させたとき，$F\Delta s$ を物体に加えられた「力学的仕事」W と定義する．

　一般には，物体に加えられた力と動く方向は必ずしも一致しないが，そのときは力ベクトルを「物体の運動方向」と「物体の運動に垂直な方向」に分解，物体の運動方向成分の力を考えればよい．これは，力ベクトル $\boldsymbol{F}$ と変位ベクトル $\Delta \boldsymbol{s}$ の内積を取ったことに等しい．

$$W \equiv \boldsymbol{F} \cdot \Delta \boldsymbol{s} \tag{4.1}$$

　仕事の単位は，上の定義から SI では [N·m] と組み立てられるが，これには**ジュール**[†10] [J] という名前がつけられている．

　今，短い時間 Δt の間になされた仕事 ΔW を考える．$\dfrac{\Delta W}{\Delta t}$ を取り，Δt をゼロに近づけたものは，仕事の時間微分になる．これは，「単位時間当りになされる仕事」という意味をもつ物理量で，**仕事率**とよばれる．

---

†10　ジェームズ・プレスコット・ジュール：イギリスの物理学者．熱とエネルギーが等価であることを証明．

> ***One Point* 仕事率**
> 仕事の時間微分は単位時間当りになされる仕事で，これを「仕事率」P と定義する．
> $$P \equiv \frac{dW}{dt} \tag{4.2}$$

仕事率の単位は，SI では [J/s] になるが，これに**ワット**[†11] [W] という名前がつけられている．「ワット」というと電気の分野でお馴染みの単位だが，電気のワットもここで定義されたものと全く同じ物理量である．

一方，(4.1) の関係から，以下の表現を得る．
$$P = \lim_{\Delta t \to 0} \boldsymbol{F} \cdot \frac{\Delta \boldsymbol{s}}{\Delta t} = \boldsymbol{F} \cdot \boldsymbol{v} \tag{4.3}$$
すなわち，運動する物体に力を加えるとき，仕事率は力と速度の内積で与えられる．

図 4.1 のように，A 点から B 点まで物体に外力を加えつつ動かす状況を考える．このとき，物体に対してなされた仕事を求めるには，(4.1) を短い区間 $\Delta \boldsymbol{s}$ ごとに足していけばよい．式で表せば $W = \sum \boldsymbol{F}(\boldsymbol{r}) \cdot \Delta \boldsymbol{s}$ で，$\Delta \boldsymbol{s}$ をゼロに漸近させると，これは「線積分」という演算になる．A 点から B 点まで，ある経路に沿った $\boldsymbol{F}(\boldsymbol{r})$ の線積分は以下のように書く決まりである．

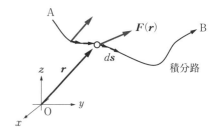

図 4.1 一定でない力を受けつつ移動する物体に対してなされる仕事

$$W = \int_A^B \boldsymbol{F}(\boldsymbol{r}) \cdot d\boldsymbol{s} \tag{4.4}$$

ここで $d\boldsymbol{s}$ は予め決められた経路を無限小の断片に分解したもので，長さの次元の微小量である．経路を 1 次元に限定し，力を移動方向の成分 $F_x(x)$ とすれば (4.4) は 1 変数の積分計算になる．

$$W = \int_{x_i}^{x_f} F_x(x)\, dx \tag{4.5}$$

ここで x_i，x_f は物体の最初の位置と最後の位置である．

例題 4.1 図 4.2 のように，質量 m の物体に水平と角度 θ をなす力 $\boldsymbol{F}$ を加え，x_i から x_f まで押した．物体になされた仕事を求めよ．

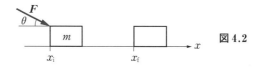

図 4.2

[†11] ジェームズ・ワット：イギリスの発明家．圧縮蒸気機関を発明．「産業革命の父」．

【解答】 $F\cos\theta(x_\mathrm{f} - x_\mathrm{i})$

【解説】 F の運動方向成分は $F\cos\theta$ で，移動距離は $(x_\mathrm{f} - x_\mathrm{i})$．力が一定の場合，物体になされた仕事を求める計算はこのように単純な掛け算となる． ◆

例題 4.2 ばね定数 k のばねに力を加え，平衡状態からゆっくりと x_0 だけ押し縮めた（図4.3）．ばねになされた仕事を答えよ．

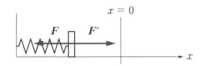

図 4.3 準静的にばねを押し縮める．ばねを押す力 $\boldsymbol{F}$ は，常に復元力 $\boldsymbol{F'}$ につり合う．

【解答】 $\frac{1}{2}kx_0^2$

【解説】 力を加え**ゆっくりと**または**準静的に**動かす，という表現が力学的仕事を考えるときにはしばしば登場する．これは，物体は動いているが，物体にはたらく力は常につり合っている状態である，という約束である．本問の場合，物体を押す力 $\boldsymbol{F}$ は常にばねの復元力 $\boldsymbol{F'}$ とつり合っている．

フックの法則から $F' = -kx$ で，そこから $F = kx$ である．仕事は $\int_0^{x_0} kx\,dx = \frac{1}{2}kx_0^2$ となる．この表式は，4.4 節で「ばねのポテンシャルエネルギー」を考えるとき再び登場する． ◆

4.2 運動エネルギー

続いて，**運動エネルギー**という量を定義する．わかりやすいように1次元で考えよう．質点の運動の法則を $\frac{dx}{dt} = v$ を使って書き直すと，

$$m\frac{dv}{dt} = F \tag{4.6}$$

になる．両辺に v を掛けて，ある時間 t_1 から t_2 の間積分する．

$$m\int_{t_1}^{t_2} \frac{dv}{dt} v\,dt = \int_{t_1}^{t_2} Fv\,dt \tag{4.7}$$

左辺に合成関数の微分の公式，$\frac{d}{dt}(v^2) = 2v\frac{dv}{dt}$ を適用し，右辺は $v = \frac{dx}{dt}$ だから，

$$Fv\,dt = F\frac{dx}{dt}dt = F\,dx \tag{4.8}$$

と積分変数を t から x に変換できる．すると，(4.7)は

$$\int_{t_1}^{t_2} \frac{d}{dt}\left(\frac{1}{2}mv^2\right)dt = \int_{x_1}^{x_2} F\,dx \quad \rightarrow \quad \frac{1}{2}mv_2^2 - \frac{1}{2}mv_1^2 = \int_{x_1}^{x_2} F\,dx \tag{4.9}$$

と変形できる．右辺の積分区間は x_1 から x_2 で，質点は時刻 t_1 のときに x_1，時刻 t_2 のときに

x_2 にいることに注意せよ．すると，(4.9) の右辺は，質点になされた仕事である．ここで，質量 m，速度 $\boldsymbol{v}$ の質点がもつ「運動エネルギー」K を

$$K \equiv \frac{1}{2}mv^2 \tag{4.10}$$

と定義する．すると (4.9) は**仕事 – エネルギー定理**とよばれる，以下の関係を表していることがわかる．

One Point　仕事 – エネルギー定理

　質量 m，速度 $\boldsymbol{v}$ の質点の「運動エネルギー」を $K \equiv \frac{1}{2}mv^2$ と定義する．このとき，質点に加えられた仕事は，質点の運動エネルギーの増加に等しい．

$$K_2 - K_1 = W \tag{4.11}$$

　導出の際は 1 次元の運動を用いたが，力ベクトル $\boldsymbol{F}$ と速度ベクトル $\boldsymbol{v}$ を成分に分解し，成分ごとに上記の積分を行えば，仕事 – エネルギー定理は 3 次元の任意の力と運動に対して成立することが証明できる．等式の次元の規則（→ p.17 コラム）から，運動エネルギーの単位は仕事と同じ〔J〕である．

　仕事 – エネルギー定理の便利なところは，物体に加えられる力と運動する区間がわかっていれば，運動方程式を解かなくても運動が解析できることである．例えば以下の問題を考えよう．

例題 4.3　質量 1000 kg の自動車が，静止状態から 2000 N の一定の力を受けて加速を始めた．自動車が出発点から 400 m の位置に差しかかったときの速度を求めよ．

【解答】 40 m/s

【解説】 自動車に加えられた仕事は $2000 \times 400 = 8.0 \times 10^5$ J である．仕事 – エネルギー定理から，$\frac{1}{2} \times 1000 \times v^2 = 8.0 \times 10^5$ を v について解き，$v = 40$ m/s を得る．これを，運動方程式を解いて求めるには，$m\dfrac{d^2x}{dt^2} = F$ を解き，初期条件を用いて運動を決定し，さらに決定された運動から自動車が 400 m 走るのに必要な時間を求め，x を 1 回微分した速度の式に代入，という面倒な手順を踏まなくてはならない．　　　　　　　　　　　　　　◆

4.3　保存力・非保存力

　第 3 章では，物体にはたらくさまざまな力について学んだ．これらは，エネルギーの立場から**保存力**と**非保存力**に分類される．「保存力」の厳密な定義は数学的にかなり面倒なので，まずは直感的に考える．図 4.4 のように，物体に外力 $\boldsymbol{F}_{\text{ext}}$ を加え摩擦のない斜面をゆっくり引き上げる．速度は非常に遅く，運動エネルギーは無視できる．外力の方向は物体の運動方向に

一致しているため「正の仕事」，一方の重力は運動方向との外積が負になるので「負の仕事」をしていることに注意しよう．

物体を坂の頂上まで引き上げたら，物体を斜面へ軽く押してやる．すると物体は斜面を滑り降り，地上では運動エネルギーをもつだろう．物体に仕事をして，運動エネルギーを増加させたのは重力である．

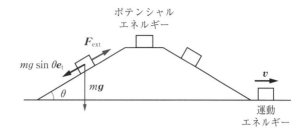

図 4.4 保存力を直感的に理解する．物体を斜面に沿って引き上げる仕事は，物体に運動エネルギーを与える「何か」に変換され，保存される．

坂の上の物体に対して重力が正の仕事をすることができるのは，そこまで外力が重力に逆らって物体を持ち上げたからで，いいかえれば，重力が負の仕事をしたためである．このように，負の仕事をすることによって，正の「仕事ができる可能性」が蓄積されるような力を「保存力」という．他に卑近な例では，ばねの復元力が保存力である．外力によって押し縮められたばねは，他の物体に対して正の仕事ができる．つまり，ばねを押し縮める（復元力が負の仕事をする）ことで，ばねに「仕事ができる可能性」が蓄積されるのだ．

一方，摩擦力は典型的な非保存力である．摩擦のある床を，物体に力を加えてゆっくり押してやる．力を加えるのをやめると物体は静止し，どこへも動こうとしない．摩擦力がした負の仕事は何も蓄積しなかったのだ[†12]．このように，負の仕事でなにも蓄積されないような力を「非保存力」という．第3章で扱った力のうち，「速度に比例する抵抗力」も非保存力である．

続いて，保存力と非保存力を区別する，数学的に厳密な手続きについて述べる．「物体をA点からB点まで移動させるとき，物体に加わる力がする仕事は移動経路によらない」．これだけが，力が保存力である必要十分条件である．こういった性質をもつ力は上で述べたように「仕事ができる可能性」を蓄積する．

最も単純な保存力は，場所によらず一定の力である．重力を例に取ろう．図4.5のように座標系を取り，物体をAからBまで動かす経路の微小区間 ds を $dx\boldsymbol{i}$ と $dy\boldsymbol{j}$ に分解する．すると，重力 $-m\boldsymbol{g}$ と $d\boldsymbol{s}$ の内積は $-mg\,dy$ と書けることがわかる．したがって重力がする仕事は

$$W = \int_A^B m\boldsymbol{g} \cdot d\boldsymbol{s} = \int_{y_A}^{y_B} -mg\,dy$$
$$= mg(y_A - y_B) \qquad (4.12)$$

と書けるから，これはA点とB点の高さの差

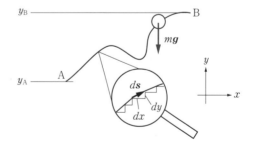

図 4.5 A点からB点まで物体を動かすとき，重力がする仕事は $d\boldsymbol{s}$ の y 成分と $-mg$ の積になる．

[†12] 実は，この場合も，摩擦力がした負の仕事は何か他のものに変わっている．詳しくは「非保存力とエネルギー保存則」（→ 4.6節，p.55）を参照のこと．

のみで決まり，途中の経路によらない．すなわち，場所によらない一定の力は保存力である．

さらに詳しく検討しよう．力が保存力であるためには，一定であることも含め，物体にはたらく力が物体の座標のみの関数である必要がある．すなわち，速度に比例する抵抗は保存力の条件を満たさない．力ベクトルが場所の関数で表されるとき，これを力の**ベクトル場** $F(r)$ とよぶ．

さらに，閉じたループに沿って1回り物体を動かすとき，保存力 $F(r)$ がする仕事はどんな経路でもゼロでなくてはいけない．なぜなら，結果として元の場所に戻れば，保存力は「動かなかった」場合と同じ大きさの仕事をするからである．

一方，ベクトル場の**回転**（rot）という微分演算が定義されている．rot A は，

$$|\text{rot}\,A| \equiv \lim_{\Delta S \to 0} \frac{\oint A \cdot ds}{\Delta S} \tag{4.13}$$

で定義されるもので，3次元空間のある点の近傍でベクトル場 A を小さな閉回路で線積分し，それを周回路の面積 ΔS で割ったものである．周回路の大きさを限りなく小さくしていくと，その点における $|\text{rot}\,A|$ が得られる．ただし，周回積分の値は周回路の向きによって異なるため，周回積分路の取り方は「最も周回積分の値が大きいループ」と定義し，ベクトル量 rot A の向きは，その面の右ねじ法線方向と定義する．rot A の直感的イメージを図 4.6 に示した．

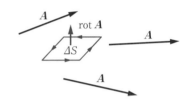

図 4.6「ベクトル場 A の回転」rot A の直感的理解

rot A は，デカルト座標では，A の各成分を各座標軸方向で偏微分した以下の表現で求められる．

$$\text{rot}\,A = \begin{pmatrix} \dfrac{\partial A_z}{\partial y} - \dfrac{\partial A_y}{\partial z} \\ \dfrac{\partial A_x}{\partial z} - \dfrac{\partial A_z}{\partial x} \\ \dfrac{\partial A_y}{\partial x} - \dfrac{\partial A_x}{\partial y} \end{pmatrix} \tag{4.14}$$

あらゆる場所で rot $F = 0$ であるような力場 $F(r)$ は，任意の周回路で線積分した値がゼロであることが保証されている．すなわち，力が保存力である条件は「rot $F = 0$」と書きかえることができる．

> ***One Point*** **保存力の定義**
> 　物体を A 点から B 点まで移動させるとき，物体に加わる保存力がする仕事は移動経路によらず A と B の位置のみで決まる．これは，rot $F = 0$ といいかえることができる．

今考えている問題が1次元なら，A から B まで物体を動かす経路は1つしか考えられないので，座標の関数で表される力は保存力である．問題が2次元なら，力は $F =$

$(F_x(x,y), F_y(x,y))$ で表され，(4.14)より力が保存力である条件は

$$\frac{\partial F_y}{\partial x} - \frac{\partial F_x}{\partial y} = 0 \tag{4.15}$$

と書きかえられる．

例題 4.4 以下の計算により，重力が保存力であることを示す．図 4.7 のように，質量 m の物体を，高さゼロから h まで持ち上げたとき，重力がした仕事 W_g が同じであることを示せ．

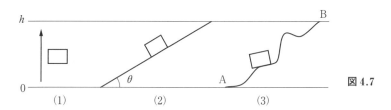

図 4.7

(1) 垂直に持ち上げたとき
(2) 角度 θ の斜面に沿って持ち上げたとき
(3) A 点 $(y=0)$ から B 点 $(y=h)$ まで任意の経路で持ち上げたとき

【解答】 (1) $W_g = -mgh$ (2) $W_g = -mg\sin\theta \dfrac{h}{\sin\theta} = -mgh$

(3) $W_g = \int_A^B m\boldsymbol{g}\cdot d\boldsymbol{s} = \int_0^h -mg\,dy = mg(0-h)$
$= -mgh$

【解説】 (1) 解説する必要もないだろう．

(2) 重力を斜面に沿った力と斜面に垂直な力に分解，斜面に沿った成分 $(-mg\sin\theta)$ と斜面に沿って移動する距離 $\left(\dfrac{h}{\sin\theta}\right)$ を掛ける．

(3) 物体が斜面に沿って $d\boldsymbol{s}$ 動くとき，重力がする仕事は $dW_g = -m\boldsymbol{g}\cdot d\boldsymbol{s}$ である．鉛直方向を y 軸とすれば，$dW_g = -mg\,dy$ と書ける．これを A 点から B 点まで積分したものが重力がする仕事である．積分結果は $mg(0-h)$ で，やはり $-mgh$ と書ける． ◆

4.4 ポテンシャルエネルギー

保存力が負の仕事をした結果蓄積されるのは，保存力が物体に正の仕事をすることができる潜在的な能力である．これを，物体の**ポテンシャル**[†13]**エネルギー**とよぼう．ポテンシャルエネルギーの増減と保存力がした仕事を一般的に述べると，以下の定理が成立する．

---

†13 potential【形】(将来の)可能性のある，潜在的な

52   4. 仕事とエネルギー

One Point   ポテンシャルエネルギー(1)

A 点から B 点まで保存力 $\boldsymbol{F}$ がした仕事とポテンシャルエネルギー U の変化には以下の関係がある.

$$U_{\mathrm{B}} - U_{\mathrm{A}} = -\int_{\mathrm{A}}^{\mathrm{B}} \boldsymbol{F} \cdot d\boldsymbol{r} \tag{4.16}$$

U_{A}, U_{B} は, それぞれ A 点, B 点のポテンシャルエネルギーである.

ポテンシャルエネルギーは仕事と同じ次元をもつから, 単位は運動エネルギーと同じ〔J〕である. 運動エネルギーと異なり, ポテンシャルエネルギーは相対値で, 常に 2 点間を移動した際のエネルギーの差でしか定義できない. そこで多くの場合, 「ポテンシャルエネルギーがゼロとなる位置」を定め, 任意の点のポテンシャルエネルギーは, その位置を基準に定義する. 運動エネルギーは常に正の値をもつが, ポテンシャルエネルギーは基準の取り方によって正負どちらも取りうる.

多くの場合, 保存力が存在する場で物体を動かすときは, 物体に外力 $\boldsymbol{F}_{\mathrm{ext}}$ を加えて保存力 $\boldsymbol{F}$ とつり合わせ, その上でゆっくり物体を移動させる. このとき, 保存力と外力には $\boldsymbol{F} = -\boldsymbol{F}_{\mathrm{ext}}$ の関係があるから, ポテンシャルエネルギーを次のようにいいかえることもできる.

One Point   ポテンシャルエネルギー(2)

保存力 $\boldsymbol{F}$ が存在する場で, 物体に $\boldsymbol{F}$ とつり合う外力 $\boldsymbol{F}_{\mathrm{ext}}$ を加えてゆっくり動かしたとき, A 点から B 点まで $\boldsymbol{F}_{\mathrm{ext}}$ がした仕事とポテンシャルエネルギー U の変化には以下の関係がある.

$$U_{\mathrm{B}} - U_{\mathrm{A}} = \int_{\mathrm{A}}^{\mathrm{B}} \boldsymbol{F}_{\mathrm{ext}} \cdot d\boldsymbol{r} \tag{4.17}$$

U_{A}, U_{B} は, それぞれ A 点, B 点のポテンシャルエネルギーである.

日常的にはこちらのほうがしっくり来るだろう. 物を持ち上げるには苦労が伴う. その苦労は, ポテンシャルエネルギーという形になって報われるのだ. そして, (4.17)は, 「A から B まで物を持ち上げる仕事は, どんな工夫をしても $U_{\mathrm{B}} - U_{\mathrm{A}}$ より小さくすることはできない」ことを教える.

ポテンシャルエネルギーは保存力の積分で与えられる. 微分と積分の間の重要な関係を考えれば, 以下の定理が成り立つことは明らかだろう.

One Point   ポテンシャルエネルギーと保存力の関係

ポテンシャルエネルギーが x の関数で $U(x)$ と表されるとき, 保存力 F_x は

$$F_x = -\frac{dU}{dx} \tag{4.18}$$

と表される. 3 次元空間でポテンシャルエネルギーが $U(x, y, z)$ と表されるとき, 保存力 $\boldsymbol{F}$ の x, y, z 成分はその偏微分で与えられる.

$$\boldsymbol{F} = (F_x, F_y, F_z) = \left(-\frac{\partial U}{\partial x}, -\frac{\partial U}{\partial y}, -\frac{\partial U}{\partial z}\right) \tag{4.19}$$

ポテンシャルエネルギー U は座標 $\boldsymbol{r}$ の関数だから，U は**スカラー場**を作っている．そして，そのスカラー場の x, y, z 方向偏微分をその成分とするベクトル，すなわち $\left(\frac{\partial U}{\partial x}, \frac{\partial U}{\partial y}, \frac{\partial U}{\partial z}\right)$ は U の**勾配**というベクトル場である．U の勾配は「grad U」と書かれるので，grad を使いポテンシャルと力の関係を書き直せば，

$$\boldsymbol{F} = -\operatorname{grad} U \tag{4.20}$$

である．

例題 4.5 ポテンシャルエネルギーが $U(x) = \frac{1}{2}kx^2$ と表される系がある．保存力を求めよ．

【解答】 $F_x(x) = -kx$

【解説】 この力はばねの復元力を表している．ばねのポテンシャルエネルギーが $\frac{1}{2}kx^2$ であったことを思い出そう． ◆

4.5 力学的エネルギー保存則

質点が外力を受け運動している状況を考える．ここで，質点にはたらく力が保存力のみだとしよう．典型的な例は放物運動（→第3章，p.29）である．わかりやすいように1次元の運動で考える．(4.9)から出発しよう．

$$\frac{1}{2}mv_2{}^2 - \frac{1}{2}mv_1{}^2 = \int_{x_1}^{x_2} F\,dx \tag{4.21}$$

ここに，(4.18)を代入すれば，

$$\frac{1}{2}mv_2{}^2 - \frac{1}{2}mv_1{}^2 = -\int_{x_1}^{x_2} \frac{dU}{dx}dx \quad \rightarrow \quad \frac{1}{2}mv_2{}^2 - \frac{1}{2}mv_1{}^2 = U_1 - U_2 \tag{4.22}$$

である．U_1 を左辺に，$\frac{1}{2}mv_2{}^2$ を右辺に移項すれば，以下の**力学的エネルギー保存則**を得る．導出は1次元の運動で行ったが，速度ベクトル $\boldsymbol{v}$ を成分に分解し，$\boldsymbol{F} = \left(-\frac{\partial U}{\partial x}, -\frac{\partial U}{\partial y}, -\frac{\partial U}{\partial z}\right)$ を使えば，力学的エネルギー保存則は3次元の運動でも成り立つ．

One Point **力学的エネルギー保存則**

質点にはたらく力が保存力のみであるとき，質点の運動エネルギーとポテンシャルエネルギーの和は一定に保たれる．

$$U_1 + \frac{1}{2}mv_1{}^2 = U_2 + \frac{1}{2}mv_2{}^2 \tag{4.23}$$

54   4. 仕事とエネルギー

U_1, $\boldsymbol{v}_1$ は $\boldsymbol{r} = \boldsymbol{r}_1$ のときのポテンシャルエネルギーと速度, U_2, $\boldsymbol{v}_2$ は $\boldsymbol{r} = \boldsymbol{r}_2$ のときのポテンシャルエネルギーと速度を表す.

　この結果はいくつかの示唆を含む. 1つは, 今まで独立に定義してきた「運動エネルギー」と「ポテンシャルエネルギー」は同じ価値をもつものであり, 相互に変換できるということである. もう1つは, 力が保存力のみのとき, これらの和は決して失われたり, 勝手に増えたりしないということである. ある瞬間におけるポテンシャルエネルギーと運動エネルギーの和を, 記号 E を使い**全力学的エネルギー**とよぼう. 運動エネルギーを K で表せば, 力学的エネルギー保存則は以下のように書ける.

$$E = U + K = \text{const.} \tag{4.24}$$

　力学的エネルギー保存則は, 保存力のみを受け運動する, 質点と見なせる物体の速さは, その位置を決めると決まってしまうことを教える. 例えば, 以下の問題を考えよう.

例題 4.6 初速度 $\boldsymbol{v}_0$, 水平からの角度 θ で, 地面の高さから投げ上げられた物体がある. 物体が最高点の半分の高さにあるときの速さを求めよ.

【解答】　$v = v_0 \sqrt{\dfrac{2 - \sin^2\theta}{2}}$

【解説】　正直に運動方程式を使って解くには相当の難問である. 運動が決定されたとしても, そこから高さが最高点の半分になる時刻を求めなくてはならないが, これは2次方程式を解く作業になる. 一方, エネルギー保存則を使えば, この問題はたやすく解ける.

　全力学的エネルギーを以下のように書く.

$$E = K_x + K_y + U_y = \frac{1}{2}mv_x^2 + \frac{1}{2}mv_y^2 + mgy \tag{4.25}$$

ここで, 運動エネルギーを K_x と K_y に分解したが, これが許されるのは, デカルト座標において物体の速度が以下のように分解できるためである.

$$v^2 = v_x^2 + v_y^2 \tag{4.26}$$

　放物運動は x 方向には等速運動だから, K_x は一定である. したがって, 重力ポテンシャルエネルギーと y 方向の運動エネルギーの間に力学的エネルギー保存則が成立していると考えてよい.

$$E_y = \frac{1}{2}mv_y^2 + mgy = \text{const.}$$

時刻ゼロで計算すると, $E_y = \dfrac{1}{2}m(v_0\sin\theta)^2$ である. 高さが最高点の半分のとき, y 方向の全力学的エネルギーは運動エネルギーとポテンシャルエネルギーに等分されるから, $U_y = \dfrac{1}{4}m(v_0\sin\theta)^2$ を得る. 一方, x 成分を含めた全力学的エネルギーは, 投げ上げられた瞬間の速度を使い $E = \dfrac{1}{2}mv_0^2$ と求められる. これらを (4.25) に代入すれば, $K = \dfrac{1}{2}mv^2 = \dfrac{1}{2}mv_0^2$

$-\frac{1}{4}m(v_0\sin\theta)^2$ である．後は，これを v について解き，$v = v_0\sqrt{\dfrac{2-\sin^2\theta}{2}}$ を得る．

こういった問題の解が得られたら忘れずに検算をしよう．それには，θ に特別な値を代入して，得られた解が直感的な理解と一致するかどうかチェックする．本問の場合，θ にゼロを代入すれば問題は水平面上の運動だから，$v = v_0$ という自明な値を得る．θ に 90° を代入すれば，問題は垂直投げ上げの運動になり，最高点の半分の高さでは運動エネルギーは地面の高さの $\dfrac{1}{2}$ で，速さは $\dfrac{v_0}{\sqrt{2}}$ になるはずである． ◆

4.6 非保存力とエネルギー保存則

物体にはたらく力が非保存力のとき，エネルギー保存則はどう書きかえられるのだろうか．非保存力には対応するポテンシャルエネルギーが存在しないから，非保存力がした仕事の分だけ全力学的エネルギーが変化する．

> **One Point　非保存力と力学的エネルギー保存則**
> 質点が非保存力 $\boldsymbol{F}_\mathrm{n}$ を受け移動するとき，全力学的エネルギーは非保存力がした仕事の分だけ変化する．
> $$E_\mathrm{B} - E_\mathrm{A} = \int_\mathrm{A}^\mathrm{B} \boldsymbol{F}_\mathrm{n}\cdot d\boldsymbol{r} \tag{4.27}$$
> E_A, E_B は，A点，B点における質点の全力学的エネルギーである．

一例として，摩擦力がはたらく水平面の運動を考えよう．

例題 4.7 図 4.8 のように，摩擦のない水平面を速さ v_0 で滑る物体がある．物体は動摩擦係数 μ_k の区間に差しかかった．物体が静止するまでに摩擦のある区間を滑る距離 l を求めよ．

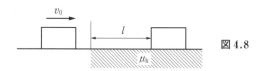

図 4.8

【解答】　$\dfrac{v_0{}^2}{2\mu_\mathrm{k}g}$

【解説】　運動は水平面だから，全力学的エネルギーは運動エネルギーである．初め，物体は $\dfrac{1}{2}mv_0{}^2$ のエネルギーをもっていた．物体が摩擦のある区間を滑り，静止すると物体の全力学的エネルギーはゼロになる．摩擦力がした仕事はマイナスで，$-\mu_\mathrm{k}mgl$ である．したがって $0 - \dfrac{1}{2}mv_0{}^2 = -\mu_\mathrm{k}mgl$ が成立し，l について解けば解を得る． ◆

非保存力として，ヒトが押す，引くといった，力学の法則に縛られない力を挙げることもできる．この場合も，非保存力がした仕事の分だけ系の全力学的エネルギーが変化する．次の問題を考えよう．

例題 4.8 ばね定数 k のばねに質量 m のおもりをつけ，図 4.9 のように手で支えて鉛直に保持する．初め，ばねは自然長で，そこから保持する手をゆっくり下げ，おもりがばねによって自然に吊り下がるようにした．このとき，手がおもりに対してした仕事を求めよ．

図 4.9

【解答】 $-\dfrac{(mg)^2}{2k}$

【解説】 ばねが自然長のときのおもりの位置を原点に，上方向を y 座標の正にとって考えよう．全力学的エネルギーは重力ポテンシャルエネルギーとばねのポテンシャルエネルギーであるから，$E = mgy + \dfrac{1}{2}ky^2$ である．

初め，ばねは自然長で，かつおもりは原点にいたから，全力学的エネルギーはゼロである．おもりをゆっくり下げ，手が離れたとき，ばねの弾性力は重力とつり合う．このとき，おもりの位置は $y = -\dfrac{mg}{k}$ である．全力学的エネルギーを求めれば，$E = -\dfrac{(mg)^2}{k} + \dfrac{1}{2}k\left(\dfrac{mg}{k}\right)^2 = -\dfrac{(mg)^2}{2k}$ となる．したがって，手がした仕事は $W_\mathrm{n} = -\dfrac{(mg)^2}{2k} - 0 = -\dfrac{(mg)^2}{2k}$ である． ◆

「エネルギー」という言葉は力学だけのものではなく，さまざまな物理の分野で普遍的に用いられる．そしてそれらは本質的には同じもので，相互に変換可能だが，全体量が増えたり減ったりしない．より厳密にいえば，以下の定理が成立する．

> ***One Point*** **エネルギー保存則**
> 閉じた系の全エネルギーは保存する．

摩擦がある平面の運動では，全力学的エネルギーは減少するが，その代わりに床と物体の摩擦によって「熱エネルギー」が発生する．熱エネルギーは，何らかの手段によって力学的エネルギーに変換することができる．例えば蒸気機関は，熱せられた水分子の圧力がピストンを押

すことで運動エネルギーを生み出す機関である．ヒトが押したり引いたりする仕事は，仕事をするヒトが摂取した「化学エネルギー」（食事）が筋肉の収縮という形の力学的エネルギーに変換されたものである．乾電池は化学エネルギーを「電気エネルギー」に変換する装置で，それをモーターにつなげば電気エネルギーは力学的エネルギーに変わる．

世の中のありとあらゆる営みはエネルギーの変換を伴うといっても過言ではない．読者も，日常見かける現象がどのようなエネルギー変換を伴っているか考えてみるとよいだろう．本書で取り扱った「力学的エネルギー保存則」は，その中の限定された条件でのみ成り立つサブセットにすぎない．

章 末 問 題

Q 4.1 質量 1500 kg の自動車が時速 100 km で走行中，$1.0\,\mathrm{m/s^2}$ の加速を始めた．摩擦や空気の抵抗を無視して，このときのエンジンの仕事率（パワー）を求めよ．

Q 4.2 ある自動車は，48 km/h で走っているときに急ブレーキをかけると 40 m で停止することができる．この自動車が 96 km/h で走っているとき，停止距離はどのくらいか？ ブレーキをかけているとき，タイヤと道路の間では速さによらず一定の摩擦力 f が作用すると考える．

Q 4.3 電磁気学の**クーロンの法則**によれば，電荷量 q_2 の点電荷が電荷量 q_1 の点電荷から受けるクーロン力は $\boldsymbol{F} = \dfrac{q_1 q_2}{4\pi\varepsilon_0 r^2}\boldsymbol{e}_r$ と与えられる．ここで ε_0 は定数，$\boldsymbol{r}$ は q_1 から q_2 へ引いた位置ベクトル，$\boldsymbol{e}_r$ はその単位ベクトルである．q_1 を固定して，q_2 を $r = a$ から $r = b$ まで動かしたとき，クーロン力がした仕事を求めよ．

Q 4.4 君は新米の花火職人だ．親方から「600 m 上がり，ちょうど最上点で爆発する花火を作れ」と言われた．花火の質量を 5.0 kg，重力加速度の大きさを $9.8\,\mathrm{m/s^2}$ として，以下の問に答えなさい．

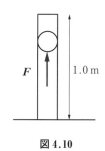

図 4.10

(1) 発射筒は長さ 1.0 m で，発射火薬により花火は一定の推力 $\boldsymbol{F}$ を受ける（図 4.10）．どれほどの推力を花火に与えたらよいだろうか．

(2) 花火はどれほどの初速度で打ち上げたらよいか．

(3) 導火線の長さを決めたい．打ち上げてから爆発するまでの時間を計算しなさい．

Q 4.5 図 4.11 のように，$y = (x - a)^2$ で表される，摩擦のない曲線状の斜面がある．物体を $x = -x_0$ の位置から静かに離した．以下の問に答えよ．

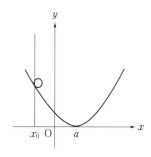

図 4.11

(1) 物体の速さを x の関数で表しなさい．

(2) 物体はある x 座標まで行くと反対方向に動き出す．この x 座標を求めよ．

Q 4.6 図 4.12 のように，角度 θ の坂道を，ブロックが速さ v_0 で登ろうとしている．坂道には摩擦があり，ブロックと坂道の間の動摩擦係数を

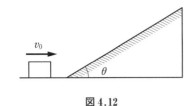

図 4.12

μ_k とする．以下の問に答えよ．

(1) おもりが上がる高さを求めよ．

(2) おもりは上がった後，再び坂を下る．おもりが再び水平面に戻ったときの速さを求めよ．

Q 4.7 質量 m のブロックが摩擦のない角度 θ の斜面に置かれ，ばね定数 k のばねにつけられた皿に乗っている（図 4.13）．ばねが自然長から x_0 だけ縮んだ位置になるまでブロックを手で押し下げた．以下の問に答えなさい．

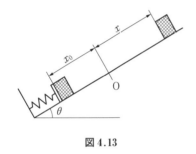

図 4.13

(1) ばねの自然長の位置を高さの基準として，系の力学的エネルギーを求めよ．

(2) 手を離すとばねが伸び，おもりが飛び出す．ばねが自然長になった瞬間の，おもりの速さを求めよ．

(3) 斜面に沿って測った，おもりの最高点の位置 x を求めよ．

Q 4.8 図 4.14 のように，$\boldsymbol{F} = (x^2 - y)\boldsymbol{i} + (y^2 - x)\boldsymbol{j}$ と表される力場がある．

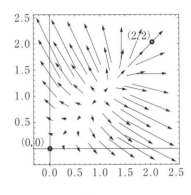

図 4.14

(1) 場は保存力場であることを証明せよ．

(2) 原点 $(0,0)$ にある物体を座標 $(2,2)$ まで動かした．$\boldsymbol{F}$ がした仕事を求めよ．【ヒント】保存力場のした仕事は経路によらない．

第 5 章
力積と運動量

　本章では「力積」と「運動量」について学ぶ。前者は「力 × 時間」という物理量で、後者は「質量 × 速度」という物理量だが、両者が同じ次元をもつことは簡単な計算をしてみればわかる。そして、力積と運動量の間には「力積 – 運動量定理」なる定理が成立し、これもまた問題を解く際の強力な武器なのである。力積 – 運動量定理の帰結として、「閉じた系の全運動量は保存する」という「運動量保存則」を導く。前章で導いた力学的エネルギー保存則は、非保存力が仕事をするとき保存則が破れる。しかし、運動量保存則は、あらゆる物体の相互作用で成り立つばかりでなく、20 世紀になって登場した相対性理論、量子論でも成り立っている[†14] 極めて強い保存則なのである。

　まさにこの宇宙の基本法則ともいえる運動量保存則だが、相互作用する相手が（例えば地球といった）極端に大きい場合は、見かけ上成り立っていないように見えてしまう。また「衝突」といった、極めて短い時間に大きな力を作用し合う場合に成り立つ「撃力近似」についても学び、与えられた問題に対して運動量保存則をどう使うかを間違えないようにしたい。

5.1　力　積

　力積という以下の物理量を定義する。

> ### *One Point* 　力　積
> 　物体に力 F を時間 Δt の間加えるとき、$F \Delta t$ を物体に加えられた「力積」と定義する。

　力積は力学的仕事とよく似ているが、力学的仕事は F と移動距離 Δs の内積でスカラー量、力積は F と Δt を掛けるのでベクトル量である。力積は、この後述べる「運動量」と同様に重要な物理量であるが、不思議なことに名づけられた単位がない。力積については決まった記号もないようなので、本書ではベクトル I [Ns] を力積を表す記号としよう[†15]。

　ある時間、物体に力を加え続けるなら、力積は積分で与えられる。

$$I = \int_{t_1}^{t_2} F \, dt \tag{5.1}$$

---

†14　特殊相対論は質量とエネルギーが等価であることを導くため、前章で述べた、単純な「エネルギー保存則」が破れる。

†15　英語の Impulse から取った。

60   5. 力積と運動量

例題 5.1 時刻ゼロから，摩擦のない水平な床に置かれた質量 m の物体に，水平方向の一定の力 F を加え続ける．物体にはたらく鉛直方向の力はつり合っている．物体が x だけ進んだとき，物体に与えられた力積の大きさを求めよ．

【解答】 $\sqrt{2mxF}$

【解説】 運動は等加速度運動だからスカラーで考える．運動を決定すれば，$x(t) = \dfrac{F}{2m}t^2$ である．t について解き，$t = \sqrt{\dfrac{2mx}{F}}$ を得て，ここに F を掛ける．　　　　◆

5.2 運 動 量

続いて，**運動量**という物理量を定義する．

One Point 運 動 量

速度 $\boldsymbol{v}$ で運動する質量 m の物体の「運動量」$\boldsymbol{p}$ を $m\boldsymbol{v}$ と定義する．

$$\boldsymbol{p} \equiv m\boldsymbol{v} \tag{5.2}$$

運動量は，物理学における最も重要な物理量の 1 つのはずなのだが，これも，なぜか名前のついた単位は与えられていない．単位は [kgm/s] である．[kgm/s] = [Ns] だから，力積と運動量の次元は等しい．運動量には一般に記号 $\boldsymbol{p}$ が与えられる．

例題 5.2 時刻ゼロから，摩擦のない水平な床に置かれた質量 m の物体に，水平方向の一定の力 F を加え続ける．物体にはたらく鉛直方向の力はつり合っている．物体が x だけ進んだとき，物体の運動量の大きさを求めよ．

【解答】 $\sqrt{2mxF}$

【解説】 運動は $x(t) = \dfrac{F}{2m}t^2$ で，1 回微分して $v(t) = \dfrac{Ft}{m}$ を得る．m を掛け，$t = \sqrt{\dfrac{2mx}{F}}$ を代入すれば解を得る．解は例題 5.1 と一致したが，これは偶然ではない．式変形の過程で $mv = Ft$ を得たことに注意せよ．この理由を以下で考える．　　　　◆

ニュートンの運動の法則を変形して，力積と運動量の間の重要な関係を導こう．初めに，質点の運動の法則を $\boldsymbol{v} = \dfrac{d\boldsymbol{r}}{dt}$ を使って以下のように書きなおす．

$$m\frac{d\boldsymbol{v}}{dt} = \frac{dm\boldsymbol{v}}{dt} = \frac{d\boldsymbol{p}}{dt} = \boldsymbol{F} \tag{5.3}$$

One Point　運動量で記述される運動方程式

質点の運動量の時間変化率は，質点に加えられた力に等しい．
$$\frac{d\boldsymbol{p}}{dt} = \boldsymbol{F} \tag{5.4}$$

次に，両辺を時刻 t_A から t_B まで積分する．
$$\int_{t_A}^{t_B} \frac{d\boldsymbol{p}}{dt}\,dt = \int_{t_A}^{t_B} \boldsymbol{F}\,dt \quad\to\quad \boldsymbol{p}_B - \boldsymbol{p}_A = \int_{t_A}^{t_B} \boldsymbol{F}\,dt$$

この結果から，「質点の運動量の変化は，質点に加えられた力積に等しい」という定理が得られた．これを**力積 - 運動量定理**とよぶ．

One Point　力積 - 運動量定理

質点の運動量の変化は，質点に加えられた力積に等しい．
$$\boldsymbol{p}_B - \boldsymbol{p}_A = \int_{t_A}^{t_B} \boldsymbol{F}\,dt \tag{5.5}$$

t_A, t_B は時刻，$\boldsymbol{p}_A$, $\boldsymbol{p}_B$ はそれぞれの時刻における運動量である．

例題 5.3 摩擦のない水平面に質量 2.0 kg の物体が置かれている．物体に，図 5.1 で表されるように大きさが変化する水平方向の力を与えた．力ベクトルの方向は一定とする．

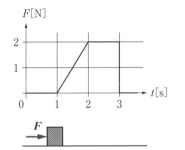

図 5.1

(1) 物体に加えられた力積の大きさを求めよ．
(2) 力を加えた後の物体の速さを求めよ．

【解答】 (1) 3.0 Ns　(2) 1.5 m/s

【解説】 (1) 力積の定義，(5.1) からグラフの面積が物体に加えられた力積である．
(2) $I = mv$ から，力積を物体の質量で割れば速さを得る． ◆

5.3 運動量保存則

図 5.2 のように，互いに力を及ぼし合い，運動する 2 つの質点を考える．作用 - 反作用の法則から，力には常に $\boldsymbol{F}_{12} = -\boldsymbol{F}_{21}$ の関係が成立している．すると，力積 - 運動量定理から，以

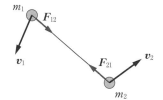

図 5.2 互いに力を及ぼし合いながら運動する2つの質点

下の関係が成り立つ．

$$\boldsymbol{p}_1(t+dt) = \boldsymbol{p}_1(t) + \boldsymbol{F}_{12}\,dt, \qquad \boldsymbol{p}_2(t+dt) = \boldsymbol{p}_2(t) + \boldsymbol{F}_{21}\,dt$$
$$\therefore \quad \boldsymbol{p}_1(t+dt) + \boldsymbol{p}_2(t+dt) = \boldsymbol{p}_1(t) + \boldsymbol{p}_2(t) + \boldsymbol{F}_{12}\,dt + \boldsymbol{F}_{21}\,dt$$
$$\boldsymbol{p}_1(t+dt) + \boldsymbol{p}_2(t+dt) = \boldsymbol{p}_1(t) + \boldsymbol{p}_2(t) \tag{5.6}$$

すなわち，2質点の運動量の合計は時間によらない．これを**運動量保存則**とよぶ．

質点の数を3個以上に増やす．この場合でも，質点間の力のやりとりは常に質点iとjの間の$\boldsymbol{F}_{ij}$，$\boldsymbol{F}_{ji}$のペアで表され，$\boldsymbol{F}_{ij} = -\boldsymbol{F}_{ji}$の関係が成立している．したがって，時刻$t$における全運動量と時刻$t+dt$における全運動量を計算すると，以下のように運動量保存則が成立する．

$$\sum_i \boldsymbol{p}_i(t+dt) = \sum_i \boldsymbol{p}_i(t) + dt\,(\boldsymbol{F}_{12} + \boldsymbol{F}_{21} + ... + \boldsymbol{F}_{ij} + \boldsymbol{F}_{ji} + ...)$$
$$\sum_i \boldsymbol{p}_i(t+dt) = \sum_i \boldsymbol{p}_i(t) \tag{5.7}$$

これは，最終的に，大きさをもつ物体（剛体）における運動量保存則に拡張できる．剛体を無数の質点の集合として扱う方法は第9章で述べる．

今まで議論してきた，互いに力を及ぼし合う質点の集合を1つの**系**[†16]と考える．そして，$\boldsymbol{F}_{ij}$，$\boldsymbol{F}_{ji}$など，系の内部での力のやりとりを**内力**とよぶ．一方，系の外から（例えば重力のように）質点に影響を及ぼす力を**外力**とする．すると，運動量保存則は一般に以下のように述べることができる．

One Point　運動量保存則

外力がはたらかない，閉じた系の全運動量は時間によらず一定である．
$$\frac{d}{dt}\sum_i \boldsymbol{p}_i = \boldsymbol{0} \tag{5.8}$$

ここで，「系」をどの範囲に取るかは任意に決められる点に注意しなくてはならない．例えば，図5.2のm_1のみを系とするなら，系の全運動量は外力$\boldsymbol{F}_{12}$により刻々と変化するが，m_1に力を及ぼす原因を系の中に入れてしまえば，力は内力となって運動量保存則が成り立つ．

一般に，地上の物体が重力を受けて運動するときは，見かけ上運動量保存則が成立しない．理由は，重力を及ぼす原因である地球が，問題としている物体に対してあまりに大きく，その

[†16]「系」とは，物理学の用語で，「問題で考えている範囲」という意味．「閉じた系」というのは，問題で考えている範囲外との力，物体，エネルギーなどのやりとりが一切ないという宣言である．

運動量の変化が検出できないためである．したがって重力がはたらく問題では，重力は常に外力として考える．

また，常につり合っている力は最初から存在しないとして除外できることにも注意すべきだろう．例えば，摩擦のないテーブルで互いに力を及ぼし合う2物体は，水平方向の運動において運動量保存則が成立する．このとき，重力は常に垂直抗力とつり合っているので考えなくともよい．

例題 5.4 図 5.3 のように，静止している質量 M のボートに，質量 m の人が岸壁から水平に速さ v で飛び乗る．水の抵抗を無視して，人が飛び乗った後，ボートが進む速さを求めよ．

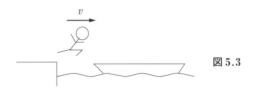

図 5.3

【解答】 $\dfrac{m}{M+m}v$

【解説】 運動量保存則を利用する．「閉じた系」をどこに取るかというと，人が踏み切った瞬間の，人とボートのみを含む系を閉じた系とする．人が空中にいる間，わずかな時間だけ鉛直方向の力のつり合いが破れるが，本問では鉛直方向の運動は考えない．すると，系の全運動量は mv で，これは人がボートに乗り移った後も変わらない．系の全質量は $(M+m)$ だから，人が乗った後の速さを v' とすれば，$mv = (M+m)v'$ が成り立つ． ◆

5.4 衝　突

野球のバットでボールを打つときのように，2つの物体が一瞬だけ接触して大きな力を及ぼし合い，互いの運動を変えるような問題がある．このような現象を**衝突**とよび，ニュートン力学で扱われる代表的な問題の1つである．

衝突を，直接運動方程式を解いて解析することは難しい．なぜなら，2物体が互いに及ぼし合う力は一瞬で，しかも時間的に変化するためである．しかし，運動量と力積の考え方を使えば，衝突についてさまざまな洞察を得ることができる．

5.4.1 撃力近似

衝突は，2物体が短い時間で極めて大きな力を及ぼし合う現象である．衝突の間，2物体が受ける外力はそれに比べて小さく，衝突にはほとんど影響を与えない．したがって，2物体を閉じた系と考え，運動量保存則を適用することができる．これを**撃力**[17]**近似**という．例えば，

---
[17] ごく短時間だけはたらく，大きな力．

例題 5.4 では，人がボートに乗った瞬間に，人とボートの間で大きな力積が交換される．一方，その間に人が重力によって受ける力積は，無視できるほど小さい．

間違えやすいのは，図 5.4 のように，物体が，地球に固定された，あるいは非常に質量が大きなもう 1 つの物体と衝突する場合である．この場合は，例え力が撃力でも，運動量保存則は使えない．相手の質量があまりに大きいため，衝突前後の運動量の変化が検知できないためである．この場合は，軽い方の物体に対しては撃力を外力とした力積－運動量定理が成立しているので，そちらが問題を解くヒントとなる．

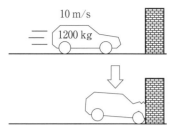

図 5.4 見かけ上，運動量保存則が成り立たない衝突

例題 5.5 速さ 10 m/s で走っている質量 1200 kg の自動車が，壁に衝突して静止した．衝突の間，自動車には一定の力が加わっていたとする．自動車が静止するまで 0.12 s かかったとすると，自動車にはどれほどの力が加わっていたと推定されるか．

【解答】 約 10^5 N と推定される．

【解説】 自動車の運動量は初め 1.2×10^4 kgm/s であったが，それが 0.12 s の間にゼロになった．したがって，自動車が受けた力積は 1.2×10^4 Ns で，力は $I = F\Delta t$ から 10^5 N である．

◆

例題 5.5 では，自動車に加わる力は一定と仮定したが，多くの場合これは正確ではない．ただし，力がどのようにかかったかを衝突の様子から計測するのは困難なので，こういう場合は「オーダーで正しい」解で充分である．

例題 5.6 例題 5.5 の衝突で，自動車に取りつけられた加速度センサーは図 5.5 のような計測値を示した．以下の問に答えよ．ここで，衝突の際変形した部分の質量は，自動車全体から見れば無視できるとする．

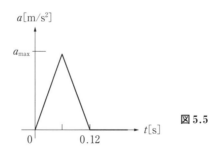

図 5.5

(1) 加速度の大きさの最大値，a_{max} はどれほどか．
(2) 壁が受けた力の最大値はどれほどか．

【解答】 (1) $1.7 \times 10^2 \,\mathrm{m/s^2}$ (2) $2.0 \times 10^5 \,\mathrm{N}$

【解説】 (1) 運動の法則,$F = ma$ から,自動車に加わる加速度に質量を掛ければ,自動車が受ける力を得る.ここで,問題に示したように,自動車の質量の大部分は変形しないと仮定しないと,自動車の各部分が独立した加速度で運動することになってしまい,この近似は成り立たない.図 5.5 を積分すると $0.06 a_{\max}$ で,これに 1200 kg を掛けた値が自動車の受けた力積,$1.2 \times 10^4 \,\mathrm{Ns}$ である.ここから,$a_{\max} = 1.7 \times 10^2 \,\mathrm{m/s^2}$ を得る.これは,重力加速度の 17 倍という大きな加速度である.

(2) $F_{\max} = m a_{\max}$ から自動車が受ける最大の力が計算できて,作用 - 反作用の法則からそれは壁が受ける最大の力に等しい.別解として,例題 5.5 で作用する力が一定と仮定したときの大きさはすでにわかっているから,力が図 5.5 のようにかかるなら,最大値は平均値の 2 倍である,と即答できるとよい. ◆

例題 5.6 を通じてわかったことは,自動車が短い時間に 10 m/s(時速 36 km)程度の速度から停止すると,極めて大きな力と大きな加速度が作用するということだ.だから交通事故は怖い.

また,加速度を減らすための唯一の解決策が,衝突に要する時間を伸ばすことである,ということに気づいただろうか.自動車がもつ運動量をゼロとするためには,運動量と同じ大きさの力積を与えなくてはならず,これを減らす方法はない.しかし,力積は力と時間の積だから,時間を長くすれば力は小さくなる.そのため,自動車は衝突の際に前部がわざと潰れるように作られている.すると,車体は壁に力を及ぼしつつ前に進むから,接触の瞬間から停止するまでの時間が長くなる.さらに最近はエアバッグが装備され,搭乗者は自動車よりさらに長い時間,弱い力を受けて静止するように工夫されている.

5.4.2 はね返り係数

図 5.6 のような,質量 m_1 の物体 1 と,質量 m_2 の物体 2 の,1 次元の衝突を考える.物体 1 から見れば,衝突前は物体 2 が速度 $(v_{2i} - v_{1i})$ で近づいて来て,衝突後に速度 $(v_{2f} - v_{1f})$ で遠ざかっていく.このとき,**はね返り係数** e を以下のように定義する.

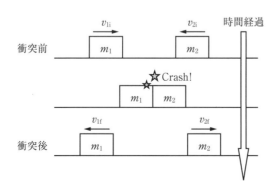

図 5.6 2 物体の,1 次元の衝突

One Point はね返り係数

図 5.6 に示すような 1 次元の衝突において，はね返り係数 e を以下のように定義する．

$$e \equiv -\frac{v_{2f} - v_{1f}}{v_{2i} - v_{1i}} \tag{5.9}$$

ここで，v_{1i}, v_{2i} は衝突前の物体 1, 2 の速度，v_{1f}, v_{2f} は衝突後の物体 1, 2 の速度で，符号つきの実数で表す．衝突前は $v_{2i} - v_{1i} < 0$，衝突後は $v_{2f} - v_{1f} \geq 0$ だから，はね返り係数は 0 または正の値を取る．

運動量保存則から，v_{1i}, v_{2i} と v_{1f}, v_{2f} の間に以下の関係が成り立つ．

$$m_1 v_{1i} + m_2 v_{2i} = m_1 v_{1f} + m_2 v_{2f} \tag{5.10}$$

(5.9)と(5.10)を使い，衝突後の速度を e を使い表そう．

$$v_{1f} = \frac{m_1 v_{1i} + m_2 v_{2i} + e m_2 (v_{2i} - v_{1i})}{m_1 + m_2} \tag{5.11}$$

$$v_{2f} = \frac{m_1 v_{1i} + m_2 v_{2i} + e m_1 (v_{1i} - v_{2i})}{m_1 + m_2} \tag{5.12}$$

ここで，衝突により失われた運動エネルギーに注目する．

$$\Delta K = \frac{1}{2}(m_1 v_{1i}^2 + m_2 v_{2i}^2) - \frac{1}{2}(m_1 v_{1f}^2 + m_2 v_{2f}^2) \tag{5.13}$$

これを，(5.11)，(5.12)を使い変形する．

ΔK

$$= \frac{(m_1 v_{1i}^2 + m_2 v_{2i}^2)(m_1 + m_2)^2 - m_1\{m_1 v_{1i} + m_2 v_{2i} + e m_2(v_{2i} - v_{1i})\}^2 - m_2\{m_1 v_{1i} + m_2 v_{2i} + e m_1(v_{1i} - v_{2i})\}^2}{2(m_1 + m_2)^2}$$

$$= \frac{(m_1 v_{1i}^2 + m_2 v_{2i}^2)(m_1 + m_2) - (m_1 v_{1i} + m_2 v_{2i})^2 - e^2 m_1 m_2 (v_{2i} - v_{1i})^2}{2(m_1 + m_2)}$$

$$= \frac{m_1 m_2 v_{1i}^2 + m_1 m_2 v_{2i}^2 - 2 m_1 m_2 v_{1i} v_{2i} - e^2 m_1 m_2 (v_{2i} - v_{1i})^2}{2(m_1 + m_2)}$$

$$= \frac{m_1 m_2 (1 - e^2)(v_{2i} - v_{1i})^2}{2(m_1 + m_2)} \tag{5.14}$$

このように，衝突による運動エネルギーの損失は e によって決まり，衝突後に力学的エネルギーが増加することはありえないから，$0 \leq e \leq 1$ であることがわかる．

例題 5.7 ボールと床の衝突におけるはね返り係数を測定するため，図 5.7 のように h_1 の高さからボールを静かに落下させ，はね返ったボールが到達した高さ h_2 を計測した．はね返り係数 e を h_1, h_2 を使い表しなさい．

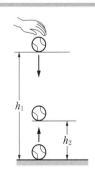

図 5.7

【解答】 $e = \sqrt{\dfrac{h_2}{h_1}}$

【解説】 床は衝突前も衝突後も静止している．したがって，はね返り係数は，「ボールの衝突前の速さ v_i と衝突後の速さ v_f の比率」で $e = \dfrac{v_f}{v_i}$．一方，力学的エネルギー保存則から，「落とした高さと上がった高さ」の比率は $\left(\dfrac{v_f}{v_i}\right)^2$ に等しいから，$\dfrac{v_f}{v_i} = \sqrt{\dfrac{h_2}{h_1}}$ が成立する．　　　◆

　ここで示された試験は，多くの球技で公式球の**反発係数**を計測する方法として採用されている．もちろん，これは本書で定義されたはね返り係数のことである．かつて，日本のプロ野球で「ホームランが出やすくなった」と問題になったとき，クローズアップされた物理量である．

5.4.3　弾性衝突，完全非弾性衝突

　前項で，1 次元の衝突は，はね返り係数 e で特徴づけられることを学んだ．ここでは 2 つの特別な場合，$e = 1$ と $e = 0$ の衝突について考えよう．

　$e = 1$ の衝突は**弾性衝突**とよばれる．(5.14) から，弾性衝突では運動エネルギーが衝突前後で保存される．日常ではおはじきやビリヤードのような，硬いもの同士の衝突が近似的に弾性衝突である．

　質量が同じ物体同士の弾性衝突に特徴的なのが，**速度交換**という現象である．今，同じ質量の物体 1 と 2 が v_{1i}, v_{2i} で近づき，衝突後に v_{1f}, v_{2f} になったとする．このとき，以下の事実から $v_{1i} = v_{2f},\ v_{2i} = v_{1f}$ が導かれる．

$$\text{運動量保存則}\qquad v_{1i} + v_{2i} = v_{1f} + v_{2f} \tag{5.15}$$

$$\text{はね返り係数 } e = 1\qquad v_{1i} - v_{2i} = v_{2f} - v_{1f} \tag{5.16}$$

例題 5.8　静止した 10 円玉に，正面からもう 1 つの 10 円玉を速さ v でぶつけた．衝突は弾性衝突とすると，ぶつけたほうの 10 円玉は衝突後どうなるか．

【解答】 静止する．

【解説】 簡単な実験なので自分でやってみるとよい．速度交換により，ぶつけたほうの 10 円玉の速さは，衝突前の静止した 10 円玉の速さ，すなわちゼロとなる．もちろん，ぶつけられたほうの 10 円玉は v で遠ざかっていく．　　　◆

　速度交換は，衝突の瞬間を見なかった人にとっては，2 つの物体がまるで入れかわったかのように見える．この現象を巧みに利用したおもちゃが，**ニュートンのゆりかご**とよばれる図 5.8 のようなものである．左からボールを 1 つつまんで離すと，中央の集団にぶつかって右からボールが 1 つだけ飛び出す．飛び出したボールはまた中央の集団にぶつかり，今度は左から 1 つだけボールが飛び出す，という運動を繰り返す．

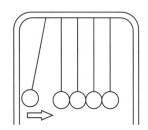

図 5.8　ニュートンのゆりかご

$m_1 \neq m_2$ の場合，v_{1f} および v_{2f} を求める計算は少々複雑となる．あらゆる衝突において，衝突後の物体 1, 2 の速度は (5.11)，(5.12) に値を代入すれば決定できるが，これらを暗記するのは現実的ではない．ここは筋道を立てて考えよう．

あらゆる衝突について運動量保存則

$$m_1 v_{1i} + m_2 v_{2i} = m_1 v_{1f} + m_2 v_{2f} \tag{5.17}$$

は成り立っている．一方，弾性衝突は $e = 1$ だから，

$$v_{1i} - v_{2i} = v_{2f} - v_{1f} \tag{5.18}$$

が成立している．これらを連立方程式として解けば，比較的容易に v_{1f}，v_{2f} が決定できる．

例題 5.9　速度 v で運動している質量 $2m$ の物体 1 が，静止している質量 m の物体 2 に衝突した．衝突は 1 次元の弾性衝突である．衝突後の物体 1, 2 の速度を求めよ．

【解答】　$v_{1f} = \dfrac{1}{3} v$

$v_{2f} = \dfrac{4}{3} v$

【解説】　(5.17) から $2v = 2v_{1f} + v_{2f}$，(5.18) から $v = v_{2f} - v_{1f}$ で，これらを連立する．　◆

一方，$e = 0$ の衝突は**完全非弾性衝突**とよばれる[18]．完全非弾性衝突の特徴は，衝突後に 2 物体が一体となって運動するということである．完全非弾性衝突は最大の運動エネルギー損失を伴い，多くの場合で変形や破壊といった不可逆的変化を伴う．例えば，自動車に別の自動車が追突した場合を思い出すとよい．それでも，衝突の前後で運動量は保存されるから，衝突後の一体となった物体の速度は容易に計算できる．

例題 5.10　速度 v で運動している質量 $2m$ の物体 1 が，静止している質量 m の物体 2 に衝突した．衝突後，物体 1 と物体 2 は一体となった．
(1)　衝突後の物体 1, 2 の速度を求めよ．
(2)　衝突で失われたエネルギーを求めよ．

---

[18] $0 < e < 1$ の，一般的な衝突は**非弾性衝突**とよばれる．

(3) 失われたエネルギーは何に変化したか．

【解答】 (1) $\frac{2}{3}v$

(2) $\frac{mv^2}{3}$

(3) 大部分は熱に変わった．一部は衝突の際の音になり，変形後にポテンシャルエネルギーとして蓄積された可能性もある．

【解説】 (1) 運動量保存則．$2mv = 3mv_f$．
(2) 衝突前，衝突後の運動エネルギーを素直に引き算する．(5.14)を使い，解が一致することを確認すること．
(3) 衝突の際に発する音は，力学的エネルギーが変化したものである．そういう意味では，「ニュートンのゆりかご」のような硬いもの同士の衝突は，「カチン」と音がするから，厳密には弾性衝突ではない．運動エネルギーは，主に物体1, 2が変形するために仕事をするが，変形の結果，物体1, 2は熱を発生する．また，物体が「ばね」のような構造をもつとき，エネルギーの一部が弾性エネルギーとして蓄積される可能性もある． ◆

例題 5.11 図5.9は，高速で運動する物体の速さを計測する1つの方法である．質量 m，未知の速さ v の弾丸を水平に，長さ l のひもで吊り下げられた質量 M の柔らかい粘土に撃ち込む．弾丸は粘土にめり込み，ひもは角度 θ だけ振れた．v を決定しなさい．

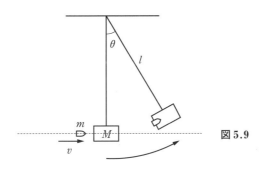
図 5.9

【解答】 $v = \frac{M+m}{m}\sqrt{2gl(1-\cos\theta)}$

【解説】 衝突は完全非弾性衝突なのでエネルギーは保存しないが，運動量は保存する．衝突した瞬間，合体した質量は $v' = \frac{m}{M+m}v$ で動き出す．衝突後の運動エネルギーは，おもりが上がりきった高さと力学的エネルギー保存則から計算する．$(m+M)gl(1-\cos\theta) = \frac{1}{2}(m+M)v'^2$ を v について解き，解を得る． ◆

高速に運動する物体の速さを比較的素朴な測定器で測ることができるこの方法は**弾道振り子**

70   5. 力積と運動量

とよばれ，かつてはよく使われていた．

5.4.4 多次元の衝突

次に，多次元の衝突を考えよう．2物体の衝突の多くは，衝突後に進路が変わる多次元の衝突である．この場合，運動量ベクトルに対して運動量保存則，(5.8)が成り立つことに注意すればよい．運動量ベクトルをデカルト座標で展開すれば，運動量保存則は成分ごとに成立する．

例題 5.12 図5.10はビリヤード球の衝突を表している．静止した先玉に，$+y$ 方向の速度 V_i をもつ手玉を衝突させたところ，先玉は x 軸から測って120°の角度に転がり始めた．2つの玉の質量は等しく，衝突は弾性衝突である．また玉と玉の接触に摩擦はないものとする．以下の問に答えよ．

(1) 手玉は先玉のどこに当たったか．x 軸から測った角度で答えよ．

(2) 衝突後の，先玉の速さを v_f とする．v_f を使い，衝突後の手玉の速度の x 成分 V_{fx} を表せ．

(3) 衝突後の，手玉の速度の y 成分 V_{fy} を，V_i, v_f を使い表せ．

(4) 衝突後に，手玉が転がっていく角度を求めよ．

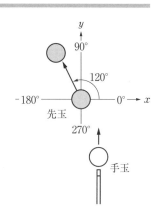

図 5.10

【解答】 (1) $-60°$ または $300°$　(2) $V_{fx} = \dfrac{v_f}{2}$　(3) $V_{fy} = V_i - \dfrac{\sqrt{3}\,v_f}{2}$　(4) $30°$

【解説】 (1) 玉と玉の衝突において，撃力の方向は，接触点から玉の中心へ向かう．なぜなら，接触点は円周の一部で，玉と玉が及ぼし合う力は，摩擦がなければ垂直抗力のみだからである．

(2) 先玉の速度成分は $\left(-\dfrac{v_f}{2}, \dfrac{\sqrt{3}\,v_f}{2}\right)$ で，運動量保存則から手玉速度の x 成分は先玉速度の x 成分と打ち消し合う．

(3) 運動量保存則は $mV_i = \dfrac{\sqrt{3}}{2}mv_f + mV_{fy}$.

(4) エネルギー保存則を使い v_f を V_i で表すことを試みる．$\dfrac{1}{2}mV_i^2 = \dfrac{1}{2}mv_f^2 + \dfrac{1}{2}mV_{fx}^2 + \dfrac{1}{2}mV_{fy}^2$ が成り立っているから，ここに(2), (3)の解を代入すれば，

$$V_i^2 = \frac{5}{4}v_f^2 + \left(V_i - \frac{\sqrt{3}\,v_f}{2}\right)^2 \quad \rightarrow \quad v_f = \frac{\sqrt{3}\,V_i}{2}$$

を得る．これを(2), (3)の解に代入，$V_{fx} = \dfrac{\sqrt{3}}{4}V_i$, $V_{fy} = \dfrac{1}{4}V_i$ を得る．$\tan\theta = \dfrac{V_{fy}}{V_{fx}} = \dfrac{1}{\sqrt{3}}$ から，$\theta = 30°$ とわかる． ◆

ここで，衝突後に手玉と先玉の進む方向がちょうど90°をなすことに注目する．例題5.12のような条件の弾性衝突においては，この関係は先玉が進む方向にかかわらず成立する．これは章末問題で考えよう．

章 末 問 題

Q 5.1 静止したゴルフボールをクラブで打つと，打った瞬間にボールにはどれくらいの力がはたらくかを推測してみよう．

(1) プロゴルファーが打ったボールは最大で約 300 m 飛ぶという．ボールの初速度 v_0 を推測せよ．重力加速度の大きさは 9.8 m/s² である．

(2) ゴルフボールは，打たれた瞬間に，静止したまま進行方向に半分くらいまで圧縮される．クラブヘッドは重く，衝突前後で速度は変わらないと仮定できる．衝突は弾性衝突として，クラブヘッドの速度 v_c と，ボールがクラブに接触している時間 Δt を推定せよ．ボールの直径は 40 mm である．

(3) ボールの質量を 45 g として，ボールが受ける最大の力を計算せよ．ここで力の大きさは図 5.11 のように変化すると仮定する．

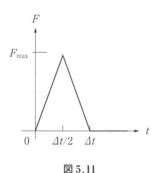

図 5.11

Q 5.2 自動車が衝突して静止するとき，人の頭部は慣性の法則で等速運動した後，ハンドルに衝突して静止する．しかしエアバッグ (図 5.12) があれば，頭部に加わる撃力を緩和することができる．秒速 20 m (時速 72 km) で進む自動車が衝突して静止したとして，頭部にかかる力の大きさを求めよ．仮定として，頭部の質量を 10 kg，頭部とハンドルの距離は 60 cm として，衝突の瞬間にエアバッグはハンドルと頭部の間の空間を占めるものとする．衝突後に自動車は一瞬で静止したと考え，頭部にかかる力の大きさを一定とする．

図 5.12 写真提供：ピクスタ

Q 5.3 風速 30 m という台風並の風が，高さ 180 cm, 幅 90 cm の窓に正面から当たっている (図 5.13)．窓が風によって受ける力を求めよ．空気の密度は 1.3 kg/m³ である．

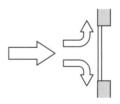

図 5.13

Q 5.4 静止している質量 M の船に，陸から質量 m の人が水平に速度 v_1 で飛び込み，船底を蹴って水平に速度 v_2 で飛び出す (図 5.14)．水の

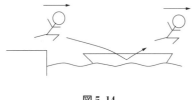

図 5.14

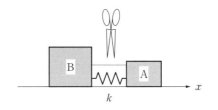

図 5.15

抵抗を無視して，以下の問に答えよ．

(1) 人が飛び出した後の船の速度を答えよ．

(2) 結果として船が動かなかったとする．このとき，2 通りの状況が考えられる．$v_1 = v_2$ の場合と，そうでなかった場合の両方について考察せよ．

Q 5.5 図 5.15 のように，滑らかで水平な床の上で質量 m のブロック A と質量 $2m$ のブロック B を長さ $\dfrac{l}{2}$ の軽いひもでつなぐ．ここに，自然長 l, ばね定数 k の軽いばねを挟んだ後，ひもを切断すると，ブロック A と B はばねに押されてそれぞれ左右に運動する．右方向を正として，ばねがブロックから離れた後のブロック A および B の速度を求めなさい．

Q 5.6 質量が等しい物体 A, B がある．図 5.16 のように，静止した物体 B に物体 A が速度 $\bm{v}_\mathrm{i}$ で弾性衝突する．衝突後の物体 A および B の速度ベクトルを $\bm{v}_\mathrm{A}$, $\bm{v}_\mathrm{B}$ としたとき，$\bm{v}_\mathrm{A}$ と $\bm{v}_\mathrm{B}$ は必ず直交するベクトルであることが知られている．これを証明せよ．

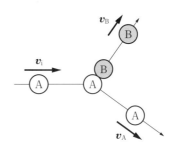

図 5.16

第 6 章
中心力による運動

　物体の運動を，物体に加わる力の向きで分類する．前章までに議論してきた運動は，主に力は一定の方向にはたらくものであった．このとき，物体の運動もまた一定の方向である．本章および次の第7章では，力の向きや大きさが周期的に変わる2つの特徴的な運動について考えよう．1つは，力の向きが運動方向と垂直な「円運動」（第6章），もう1つは，物体が常に平衡状態へ向かう力を受ける「振動運動」（第7章）である．

　円運動は，原子核の周りを回る電子から，太陽の周りを回る惑星まで，あらゆるところで見られる．したがって，ニュートン力学を学んでこの世の運動を理解しようとする我々にとって，円運動は特別な地位を占めるものである．本章では，まず円運動を記述する諸量を定義，続いて円運動を引き起こす「向心力」について学ぶ．そして，最後にニュートンが惑星の運動を基に発見した「万有引力の法則」と，万有引力の下でのいくつかの運動について考えよう．

6.1　円運動を表す諸量

　図 6.1 は，原点を中心とする円の上を運動する物体の軌道を表している．物体は，原点 O から等しい距離を保って周回することは確実である．したがって，運動を表すには極座標のほうが都合がよい．$\boldsymbol{r} = (r, \theta)$ とするとき，r は定数 R になるから，運動は唯一の変数 θ で表される．

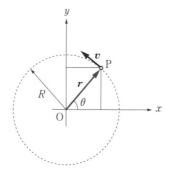

図 6.1　原点を中心とする円の上を運動する物体

　回転運動を論じるときは，角度の単位に**弧度法**を用いる．1 **ラジアン** [rad] は，図 6.2 のように，半径と等しい長さの円弧の中心角である．この定義に従うと，円を1周回る角度は 2π [rad] となる．なぜ，このように中途半端な角度が好まれるかというと，三角関数の微分・積

74　6. 中心力による運動

分の際に係数が掛からなくなるためである．

一例を挙げると，$\frac{d}{d\theta}\sin\theta$ は，θ を「度」で定義した場合，$\frac{\pi}{180}\cos\theta$ となるが，θ が [rad] の場合は単純に $\cos\theta$ で与えられる[†19]．以降は，特に断りのない場合，角度は [rad] で与えられているものとする．

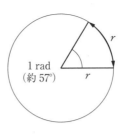

図 6.2　ラジアン [rad] の定義

6.1.1　角速度，角加速度

1次元の変位 $x(t)$ から「速度」，「加速度」を定義したように，円運動の**角速度**，**角加速度**を定義する．

> **One Point　角速度，角加速度**
>
> 円運動する物体における θ の時間変化率を「角速度 ω」[rad/s] と定義する．
> $$\omega \equiv \frac{d\theta}{dt} \tag{6.1}$$
> 円運動する物体における ω の時間変化率を「角加速度 α」[rad/s^2] と定義する．
> $$\alpha \equiv \frac{d\omega}{dt} \tag{6.2}$$

角速度，角加速度は単なる定義であって，これは物理の法則ではない．しかし，第 10 章で，角加速度とトルクの間に，力と加速度と同様のニュートンの運動の法則が成り立つことが導かれる．当面は，運動を便利に記述するための道具と思っていればよい．

半径 r の円運動を考えるとき，円周に沿った物体の変位 s は，弧度法では $r\theta$ で与えられる．したがって，両辺を時間で微分して，物体の速さ $v = \frac{ds}{dt}$ と角速度 ω の間には $v = r\omega$ の関係がある．

円運動では，一周回るのにかかる時間 T [s] を**周期**，毎秒回る回数 f [s^{-1}] を**回転数**とよぶ．周期と回転数は互いに逆数の関係で，**等速円運動**の場合は ω を使い

$$T = \frac{2\pi}{\omega} \tag{6.3}$$

$$f = \frac{\omega}{2\pi} \tag{6.4}$$

と表される．

例題 6.1　半径 R の円軌道を運動する物体がある．物体は時刻ゼロの瞬間に $\theta = \theta_0$ の位置におり，角速度 ω_0 で運動していた．その後，物体は一定の，正の角加速度 α で運動を始めた．以下の問に答えよ．

[†19]　断わらなかったが，p. 11, p. 13 において ω の単位は [rad/s] である．

(1) 運動を決定せよ.

(2) 時刻 t における物体の速さを答えよ.

(3) 物体が, $\theta = 0$ の位置を N 回目に通過する時刻を答えよ.

【解答】 (1) $\theta(t) = \dfrac{1}{2}\alpha t^2 + \omega_0 t + \theta_0$　　(2) $v(t) = R(\alpha t + \omega_0)$

(3) $\dfrac{-\omega_0 + \sqrt{\omega_0{}^2 + 2\alpha(2N\pi - \theta_0)}}{\alpha}$

【解説】 (1) $\alpha = \dfrac{d^2\theta}{dt^2}$ だから, 第 2 章で学んだようにこれを 2 回積分する. 初期条件を代入, 2 つの未知定数を決定する.

(2) (1)の解を 1 回微分して R を掛ける.

(3) 解くべきは, $\dfrac{1}{2}\alpha t^2 + \omega_0 t + \theta_0 = 2N\pi$ である. これは 2 次方程式だから, 根の公式を使い解く. 複号が出てくるが, $t > 0$ の条件からマイナスは棄却される. 　　　　　◆

6.1.2 デカルト座標で表す円運動

円運動は, 極座標なら 1 個の変数で表すことができるが, 微分・積分が成分ごとに独立して実行できるデカルト座標のほうが都合がよいときがある. そこで円運動

$$\boldsymbol{r}(t) = (R, \theta(t)) \tag{6.5}$$

をデカルト座標で表記して, それを時間で微分してみよう.

$$x(t) = R\cos\{\theta(t)\} \tag{6.6}$$

$$y(t) = R\sin\{\theta(t)\} \tag{6.7}$$

$$v_x(t) = \frac{dx}{dt} = -\frac{d\theta}{dt}R\sin\{\theta(t)\} = -\omega(t)R\sin\{\theta(t)\} \tag{6.8}$$

$$v_y(t) = \frac{dy}{dt} = \frac{d\theta}{dt}R\cos\{\theta(t)\} = \omega(t)R\cos\{\theta(t)\} \tag{6.9}$$

位置ベクトル $\boldsymbol{r} = (x, y)$ と速度ベクトル $\boldsymbol{v} = (v_x, v_y)$ の内積を取ると, 常にゼロであることがわかる. すなわち, 円運動においては, 「速度ベクトルは常に円周方向」であることがわかる. これは直感的にもわかりやすい概念だろう.

速度をもう 1 回微分すると加速度ベクトルを得る.

$$a_x(t) = \frac{dv_x}{dt} = -\frac{d\omega}{dt}R\sin\{\theta(t)\} - \omega^2(t)R\cos\{\theta(t)\} \tag{6.10}$$

$$a_y(t) = \frac{dv_y}{dt} = \frac{d\omega}{dt}R\cos\{\theta(t)\} - \omega^2(t)R\sin\{\theta(t)\} \tag{6.11}$$

積の微分公式から項の数が 2 倍に増える. 位置ベクトルと速度ベクトルの関係から類推すると, 加速度ベクトルは半径方向に沿った成分 $-\omega^2 R$ と, 円周方向に沿った成分 $R\dfrac{d\omega}{dt}$ に分解できることがわかる. そして, 円周方向に沿った加速度は角速度を時間的に変化させる一方,

半径方向に沿った加速度は角速度の大きさには影響を与えないことがわかる.

One Point 円運動の速度と加速度

(1) 円運動する物体の速度は常に円周方向である.

(2) 円運動する物体の加速度は,半径方向成分と円周方向成分に分解できる.

$$\text{半径方向加速度}:-R\omega^2(t) \tag{6.12}$$

$$\text{円周方向加速度}:R\frac{d\omega}{dt} \tag{6.13}$$

半径方向成分の加速度は,**等速**$\left(\dfrac{d\omega}{dt}=0\right)$**であっても消滅しない.**

例題 6.2 例題 6.1 の運動は,摩擦のない水平面上にある物体に対して,外力が作用した結果起こった運動であるとする.物体の質量を m として,以下の問に答えよ.系に摩擦などの損失はないものとする.

(1) 時刻ゼロから t までの間に,物体に対して外力がした仕事を求めよ.

(2) 仕事 – エネルギー定理が成り立っていることを示しなさい.

【解答】 (1) $mr^2\left(\dfrac{\alpha^2}{2}t^2+\omega_0\alpha t\right)$

(2) $\Delta K=\dfrac{1}{2}mv_\mathrm{f}^2-\dfrac{1}{2}mv_\mathrm{i}^2=\dfrac{1}{2}mr^2(\omega_\mathrm{f}^2-\omega_\mathrm{i}^2)=\dfrac{1}{2}mr^2\{(\alpha t+\omega_0)^2-\omega_0^2\}$

$\qquad=mr^2\left(\dfrac{\alpha^2}{2}t^2+\omega_0\alpha t\right)$

これは物体になされた仕事に等しい.

【解説】 力学的仕事は $\displaystyle\int \boldsymbol{F}\cdot\boldsymbol{v}\,dt$ で与えられる.$\boldsymbol{v}$ が円周方向であることから,$\boldsymbol{F}=m\boldsymbol{a}$ を半径方向と円周方向に分解し,これは $\displaystyle\int mr^2\alpha\omega\,dt$ と書きかえられる.

(1) $W=mr^2\displaystyle\int_0^t\alpha(\alpha t+\omega_0)\,dt$

(2) 解答の通り.ポイントは,エネルギーの計算に $v=r\omega$ を使うこと. ◆

6.2 向心加速度・向心力

前節で,等速円運動は速さが一定であるにもかかわらず,加速度運動であることを明らかにした.これを,別の視点からもう一度見てみよう.図 6.3 は,等速円運動する物体の,ある瞬間 t と,Δt だけ時刻が経過した瞬間の位置および速度ベクトルを表している.速度ベクトルを時間微分してみよう.定義通りに計算すれば

$$\boldsymbol{a}=\lim_{\Delta t\to 0}\frac{\Delta\boldsymbol{v}}{\Delta t} \tag{6.14}$$

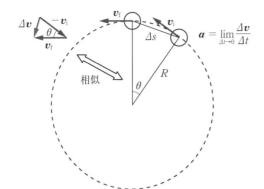

図 6.3 等速円運動する物体の，短い時間における速度の変化

だが，ここで，v_i, v_f, Δv からなる三角形と，R, Δs からなる三角形が相似であることを利用する．すると，

$$a = \lim_{\Delta t \to 0} \frac{\Delta v}{\Delta t} = \lim_{\Delta t \to 0} v \frac{\Delta s}{R} \cdot \frac{1}{\Delta t} = \frac{v^2}{R} = R\omega^2 \tag{6.15}$$

となる．向きは明らかに円の中心に向かうから，等速円運動の加速度ベクトルは「円の中心に向かい，$R\omega^2$ という大きさをもつ」ことが明らかになった．このように，円運動に伴い生じる加速度は**向心加速度**とよばれる．もちろん，これは(6.13)に一致している．

ニュートンの運動の法則，$\boldsymbol{F} = m\boldsymbol{a}$ を考えれば，質点が加速度運動しているとき，その加速度を生じさせる外力が必ず存在する．すなわち，等速円運動している質点には，常に一定の大きさの，円の中心に向かう力が加わっている．これを**向心力**という．

> ***One Point*** **向心力と向心加速度**
> (1) 等速円運動は加速度運動である．円の半径が R，角速度が ω のとき，その大きさは $R\omega^2$ で，方向は円の中心に向かう．
> (2) 等速円運動する質量 m の質点には，円の中心に向かう一定の力 F_r がはたらいている．これを「向心力」とよぶ．
> $$F_r = mR\omega^2 \tag{6.16}$$

円運動といえば，読者は「遠心力」という言葉を小さい頃から聞いてきたことと思う．これと，今示した向心力の関係は何なのだろうか．詳しくは，第8章の「慣性力」で学ぶが，力を「誰が」観測するかにより，その方向が異なって見える，というのがその答である．向心力は，静止した座標系（慣性系→ p.100）から円運動する物体を見るとき観測される力で，一方，遠心力を感じる人は，円運動する物体と一体となって運動している．

どのような力が円運動の向心力となり得るのだろうか．こう考えるよりは，「円運動している物体にはたらく向心力は何なのか」と問うたほうがよいかもしれない．この世で最も小さい円運動，原子核の周りを回る電子は，クーロン力（→ p.57）が向心力である．原子核は正電荷をもち，電子は負電荷をもち，両者の間には互いの距離の2乗に反比例するクーロン力

$$\boldsymbol{F} = \frac{q_1 q_2}{4\pi\varepsilon_0 r^2} \boldsymbol{e}_r \quad (\varepsilon_0：定数 \quad q_1, q_2：電荷量) \tag{6.17}$$

78   6. 中心力による運動

がはたらいている．大きいほうに目を移せば，太陽の周りを回る惑星の運動は万有引力が向心力である．これは次節で詳しく検討しよう．

日常のスケールで観測される，図 6.4 のような円運動を考える．摩擦のないテーブルに，ひもにつながれたおもりを置き，ひもの一端を固定しておもりに適切な初速度を与えると，おもりは円運動を始める．この場合，向心力はひもの張力である．

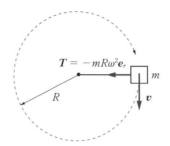

図 6.4　摩擦のない水平面で，ひもにつながれたおもりの円運動

次に，ひもにつながれたおもりを天井から吊るす．すると，おもりは振り子になるが，適切な初速度を与えると，おもりに図 6.5 のような水平面内の円運動をさせることができる．これを **円錐振り子** とよぶ．円錐振り子のおもりにはたらく力を解析しよう．

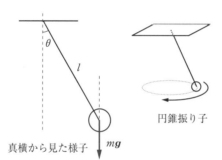

図 6.5　円錐振り子

例題 6.3　図 6.5 のような円錐振り子について，以下の問に答えよ．
(1)　ひもの張力をベクトル矢印で書き込みなさい．おもりの中心をベクトルの始点とせよ．
(2)　張力の大きさを求めよ．
(3)　おもりの回転周期を求めよ．

【解答】　(1) 図 6.6　(2) $\dfrac{mg}{\cos\theta}$　(3) $2\pi\sqrt{\dfrac{l\cos\theta}{g}}$

【解説】　(1) おもりにはたらく力は，ひもの張力と重力のみである．おもりが水平面内で円運動することから，2 力の鉛直方向成分はつり合っている．ひもの張力の性質から，その方向は明らかだから，大きさが決定できる．
(2) $T\cos\theta = mg$
(3) 張力の水平方向成分は $T\sin\theta = mg\tan\theta$．これが円

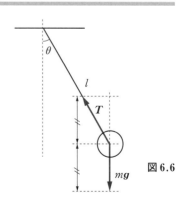

図 6.6

運動の向心力である．円運動の半径が $l \sin \theta$ であることに注意して，(6.16) に代入すれば ω を得る．得られた ω を (6.3) に代入すれば回転周期を得る． ◆

6.3 万有引力と惑星の運動

6.3.1 ケプラーの法則と万有引力

天動説が否定され，惑星が太陽の周りを回っていることが認められつつあった 1600 年頃，ドイツの天文学者ヨハネス・ケプラーは，師匠のティコ・ブラーエの観測データを 16 年にわたって丹念に分析，惑星の運動は以下の 3 法則に従うことを提唱した．これを**ケプラーの法則**とよぶ．

One Point **ケプラーの法則**

第 1 法則：惑星の軌道は，太陽を焦点とする楕円である．

第 2 法則：太陽と惑星を結ぶ線分が一定時間に掃く面積は，一定である（面積速度一定の法則）．

第 3 法則：惑星の公転周期の 2 乗は，楕円の長半径の 3 乗に比例する．

それから約 50 年後，ニュートンはケプラーの 3 法則を詳細に検討して，「太陽と惑星の間に，距離の 2 乗に反比例する引力がはたらいている」ことを看破した．さらに重要なことは，太陽と地球が引き合う力，地球と月が引き合う力と，地球上の物体と地球が引き合う力，すなわち重力が本質的に同じことを発見したことである．あらゆる質量の間にはたらくこの力は，**万有引力**とよばれる．

One Point **万有引力の法則**

質量は互いに引き合う性質をもつ．質量がそれぞれ m_1，m_2 の質点があるとき，引力 $\boldsymbol{F}$ は以下の式で表される．

$$\boldsymbol{F} = -G\frac{m_1 m_2}{r^2}\boldsymbol{e}_r \tag{6.18}$$

ここで r は質点間の距離，$\boldsymbol{e}_r$ は単位ベクトル，符号のマイナスは引力であることを示す．G は**万有引力定数**で，SI で表せば $6.67408 \times 10^{-11}\ \mathrm{Nm^2/kg^2}$ である．

ニュートンは，りんごが木から落ちるのを見て万有引力の法則を発見したと伝えられているが，どうやらこれは作り話らしい．ニュートンが自著「プリンキピア」に著した，地上の重力と月の向心力の関係について考える．

図 6.7 は地球，月と地上のりんごを表した模式図である．今，近似として，地球，月と地上のりんごをすべて質点と仮定しよう．「地球と地上のりんご間の万有引力を論じるのに，地球を質点と近似するのは乱暴では？」と思うかもしれないが，とりあえずこれを正しいと仮定し

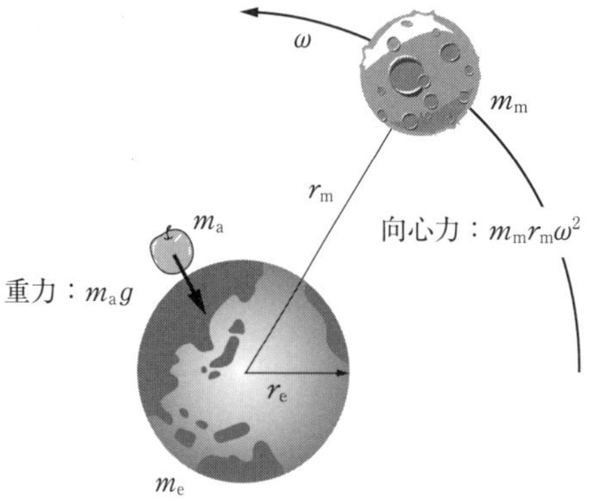

80   6. 中心力による運動

向心力：$m_\mathrm{m}r_\mathrm{m}\omega^2$

重力：$m_\mathrm{a}g$

図 6.7 ニュートンは，地球と月が引き合う力は
りんごが感じる重力と同じものであると考え
た．

よう．次に，2つの質点の間にはたらく万有引力が(6.18)で表されると仮定する．地球の質量
を m_e，月の質量を m_m，りんごの質量を m_a，地球の半径を r_e とする．月の軌道は厳密には楕
円だが，これを半径 r_m の円と近似する．

りんごにはたらく重力は，万有引力の公式を使って

$$m_\mathrm{a}g = G\frac{m_\mathrm{e}m_\mathrm{a}}{r_\mathrm{e}^2} \tag{6.19}$$

と書けるから，

$$g = 9.8\,\mathrm{m/s^2}$$
$$= G\frac{m_\mathrm{e}}{r_\mathrm{e}^2} \tag{6.20}$$

を得る．

一方，月が円運動しているのは，万有引力が向心力となっているからであると仮定する．す
ると，以下の関係が成り立つ．

$$m_\mathrm{m}r_\mathrm{m}\omega^2 = G\frac{m_\mathrm{e}m_\mathrm{m}}{r_\mathrm{m}^2} \tag{6.21}$$

(6.20)を代入，整理すると，以下の形を得る．

$$\omega = \sqrt{\frac{r_\mathrm{e}^2 g}{r_\mathrm{m}^3}} \tag{6.22}$$

r_e，r_m は測定可能な量だから，我々は，(6.22)から万有引力で公転する月の角速度を計算
することができる．具体的な値は

$$\omega = \sqrt{\frac{(6.37 \times 10^6)^2 \times 9.8}{(3.84 \times 10^8)^3}}$$
$$= 2.65 \times 10^{-6}\,\mathrm{rad/s} \tag{6.23}$$

である．一方，実際の月の角速度は公転周期（27.32 日）から計測できて，その値は $2.66 \times 10^{-6}\,\mathrm{rad/s}$ となる．したがってニュートンは，地球と月の間にはたらく力が，地上のりんごが
感じる重力と同じ原因によるものであると結論づけた．

しかしニュートンは，地球とりんごの間の万有引力を計算するため，「地球を，その中心にある質点と見なす」という大胆な近似を行った．結論があまりにも見事なため，万有引力の法則は疑いのないもののように思われたが，なぜこの近似が成り立つかの理由が説明できなかった．そのため，持ち前の内気さとあいまって，万有引力の理論の発表は約20年遅れたという．

実は，球形で球対称な質量分布をもつ物体が，外部の質量との間に及ぼし合う万有引力は，球の中心に同じ質量の質点を置いたときと等しいことが証明できる．ニュートンはこの関係を証明するため，自ら「微積分学」という数学の一分野を開拓するという偉業を成し遂げた．

ニュートンは，「プリンキピア」で，山の上から水平に石を投げる，という思考実験を行っている（図6.8）．石はいくらかの距離を飛行した後に地表に落ちるだろう．初速が速いほど石は遠くに落ちる．これをどんどん推し進めていけば，石はついには地球を一周して，投げたところに戻ってくるにちがいない，とニュートンは考えた．これが**人工衛星**の原理である．では，投げた石が地表ぎりぎりの高度を落ちずに回り続けるにはどれほどの速さが必要だろうか．もちろん，空気抵抗は無視して考える．

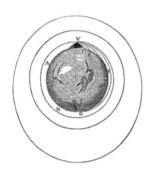

図6.8 ニュートン：「プリンキピア」（1687年）より

例題 6.4 地球の半径と同じ半径の軌道を回る人工衛星の速さ，v_1を計算せよ．地球の質量をm_e，地球の半径をr_e，万有引力定数をGとする．

【解答】 $v_1 = \sqrt{\dfrac{Gm_e}{r_e}}$

【解説】 人工衛星の質量をmとする．万有引力の公式から，向心力の大きさは$F = G\dfrac{m_e m}{r_e^2}$で，ここに円運動の速度と向心力の関係，$F = mr\omega^2 = m\dfrac{v_1^2}{r_e}$を代入して整理する．速さは人工衛星の質量によらないことに注意． ◆

具体的な値を代入し，v_1を計算すると7.9 km/sとなる．音速がたかだか340 m/sであることを考えると，これは相当なスピードである．もちろん，地表近くは大気があるから，人工衛星は地表から100 kmより高いところを回る．地表から数百kmの軌道は「低軌道」と呼ばれ

ているが，軌道半径は地球の半径 6370 km と比べればわずかな違いである．したがって，低軌道を回る衛星の軌道速度はおよそ v_1 と考えてよい．

物体を，惑星の衛星軌道に乗せるのに必要な速さの目安を**第1宇宙速度**とよび，その定義は上述の v_1 である．当然，軽い惑星ほど第1宇宙速度は遅い．月の第1宇宙速度を計算すると 1.7 km/s となる．

> **One Point 第1宇宙速度**
>
> 衛星が惑星の地表と同じ半径の軌道を周回するときの速さ．惑星の質量を M，半径を R，万有引力定数を G とすると，以下の式で表される．
>
> $$v_1 \equiv \sqrt{\frac{GM}{R}} \tag{6.24}$$

6.3.2 万有引力の下での運動

質量 M と質量 m の2つの物体が万有引力を及ぼし合っている場合の，一般的な運動を考える．ここで，物体は質点と見なすことができ，近似として $M \gg m$ であり，質量 M の物体は座標原点にあって動かないとしよう．質量 m の物体の位置を $\boldsymbol{r}$ とするとき，運動方程式は

$$m\frac{d^2\boldsymbol{r}}{dt^2} = -G\frac{mM}{r^2}\boldsymbol{e}_r \tag{6.25}$$

で与えられる．この運動方程式を解いて $\boldsymbol{r}(t)$ が与えられれば，万有引力の下で運動する物体の軌道が決定されるが，これは容易ではない．

結果だけ述べれば，万有引力の下での運動は，質量 m の物体の全力学的エネルギー，$E = U + K$ によって3通りに分けられる（図6.9）．力学的エネルギーは運動エネルギー $K = \frac{1}{2}mv^2$ と万有引力のポテンシャルエネルギー U である．万有引力は r のみによって決まり，rot $\boldsymbol{F} = \boldsymbol{0}$ の条件を満たすから保存力である（→ 4.3節，p.48）．ポテンシャルの原点を無限遠にとると，万有引力のポテンシャルエネルギーは以下のように書ける．

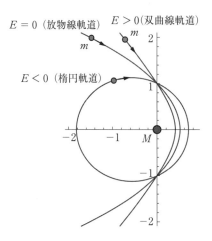

図 6.9 重い物体（質量 M）の近くを通る軽い物体（質量 m）の，万有引力による運動．全力学的エネルギーによって軌道は3種類に分類できる．

$$U = -G\frac{mM}{r} \tag{6.26}$$

力学的エネルギー保存則から，E は一定である．$E > 0$ のとき，質量 m の物体は原点を焦点とする双曲線の軌道を描く．$E = 0$ のとき，軌道は放物線になるが，どちらの場合でも，質量 m の物体は原点に一度近づいた後に遠ざかり，二度と戻ってくることはない．太陽に近づいてくる彗星は，決まった周期で戻ってくるものもあるが，このように一度きりの接近の後，再び戻ってこないものもある[20]．

E が 0 より小さいとき，質量 m の物体は原点から有限の距離にとどまる．これは，エネルギー保存則から以下のように証明できる．

命題 E が定数，かつ $E < 0$ のとき，r が有限の値にとどまることを証明せよ．

【証明】 エネルギー保存則を書き下すと $E = \frac{1}{2}mv^2 - G\frac{mM}{r}$ となる．これを r について解けば

$$r = \frac{2GmM}{mv^2 - 2E} \tag{6.27}$$

を得る．ここで，$E < 0$ かつ $v^2 > 0$ なので右辺は必ず正の実数となる．したがって，r も有限の範囲の正の実数である． **証明終わり**

このとき，質量 m の物体の運動は，原点を焦点の 1 つとする楕円運動になる．円運動は楕円運動の一種であり，r が一定であることから，向心力もまた一定である．

惑星の軌道を円運動と仮定して，ケプラーの第 3 法則を証明してみよう．T を惑星の周期，r を軌道半径とする．

$$mr\omega^2 = G\frac{mM}{r^2} \quad \rightarrow \quad \left(\frac{2\pi r}{T}\right)^2 = G\frac{M}{r}$$

$$\therefore \quad \frac{r^3}{T^2} = \frac{GM}{4\pi^2} \tag{6.28}$$

(6.28)から，公転周期の 2 乗と軌道半径の 3 乗が比例することが示された．また，(6.28)から，惑星の公転周期と軌道半径がわかれば，主星の質量が求められる．

例題 6.5 (6.28)と地球軌道のデータを用い，太陽の質量を概算せよ．地球の軌道半径は 1.5×10^{11} m である．

【解答】 2.0×10^{30} kg

【解説】 (6.28)を変形，$M = \frac{4\pi^2 r^3}{GT^2}$ を得る．T は 365 日を秒に換算． ◆

---

[20] 非周期彗星とよばれる．最近では，2012 年に最接近した「アイソン彗星」が有名．

次に，地球から打ち上げたロケットが地球の重力圏を振り切り，無限の彼方に飛んで行くために必要な条件について考えよう．質量 M の物体を地球，質量 m の物体を地球から打ち出すロケットと考える．打ち出されたロケットが地球軌道を回るための条件が「第 1 宇宙速度」であったが，地球の重力を振り切り，二度と戻らない宇宙の旅に出るためには，今までの議論から $E \geq 0$ の条件が必要であることがわかるだろう．惑星表面の重力ポテンシャルの下で $E = 0$ となる速さを**第 2 宇宙速度** v_2 とよぶ．

例題 6.6 半径 R，質量 M の惑星の重力圏を脱出する速さ v_2 を求めよ．

【解答】 $v_2 = \sqrt{\dfrac{2GM}{R}}$

【解説】 (6.27)で $E = 0$ とおけば，これは $E = 0$ の条件において，惑星中心からの距離 r と，そこで質量 m の物体がもつ速さの関係を得る．エネルギー保存則から，物体は惑星から遠くへ行くほど遅くなるが，$E = 0$ とは，$v = 0$ のときちょうど $r = \infty$ となる条件といいかえてもよい．これが，物体が惑星の重力圏を振り切るための条件である．惑星表面，半径 R において物体がもつべき速さは，$R = \dfrac{2GmM}{mv^2}$ を v について解けばよい． ◆

One Point 第 2 宇宙速度

物体が惑星の重力圏を離れ，無限の彼方に飛んで行くために，惑星表面でもつべき速さ．惑星の質量を M，半径を R，万有引力定数を G とすると以下の式で表される．

$$v_2 \equiv \sqrt{\dfrac{2GM}{R}} \tag{6.29}$$

章 末 問 題

Q 6.1 自動車が，スピードを増しながら四分円状のカーブを曲がっている（図 6.10）．カーブの半径は一定で，400 m である．カーブ入り口で車のスピードは 20 m/s，出口では 40 m/s で，その間の速さの変化率は一定であった．

(1) カーブに差しかかってから曲がり終わるまでにかかる時間を求めよ．

(2) カーブを曲がり終わる直前の，自動車の加速度の大きさを求めよ．

Q 6.2 自動車が一定の速さで半径 R の円弧状のカーブを曲がる．タイヤと道路の間の摩擦は静止摩擦と考えられ，摩擦係数は 1 である．

(1) 路面が水平のとき，タイヤが滑らずにカー

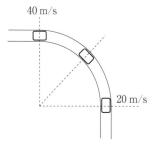

図 6.10

ブを曲がれる最大の速さを求めなさい．

(2) 図 6.11 のように，路面が角度 θ のバンクになっているとき，タイヤが滑らずにカーブを曲がれる最大の速さを求めなさい．

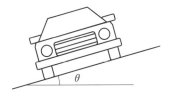

図 6.11

Q 6.3 図 6.12 のように，高さ h からゆっくりスタートしたジェットコースターが，半径 R の垂直な円形ループを回り切る条件を求めよ．ジェットコースターは列車のようなレールに乗っており，宙吊りでは静止できない．

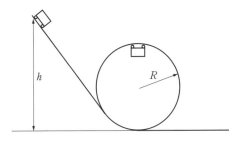

図 6.12

Q 6.4 図 6.13 のように，摩擦のない半径 R の半球形のボウルの中で，水平な円軌道を描いて運動する質量 m の小球について考える．図 6.13 のように測った，鉛直線と軌跡がなす角を θ とする．このとき，小球が回転する周期を求めよ．

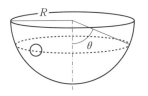

図 6.13

Q 6.5 地表の重力と万有引力の法則から，地球の質量を見積もることができる．以下の問に答えよ．

(1) 地表の重力加速度を $9.8\,\mathrm{m/s^2}$ として，地球の質量を有効数字 2 桁で算出せよ．このとき，地球は周囲が $40000\,\mathrm{km}$ の球体と近似できることを利用せよ．

(2) 地球の平均密度を $[\mathrm{g/cm^3}]$ の単位で計算せよ．

(3) 計算により求められた密度は妥当といえるか．根拠を示し答えよ．

Q 6.6 万有引力の法則によれば，地表から遠くなるにつれ重力加速度の大きさは小さくなっていく．地表で体重計に乗ると $60.0\,\mathrm{kg}$ の人が，高度 $10000\,\mathrm{m}$ を飛ぶ飛行機の中で同じ体重計に乗ったとする．読みは何 kg と出るか．飛行機が地表に沿って飛ぶことによる向心加速度は無視する．

Q 6.7 月の重力は地球の $\dfrac{1}{6}$，半径は地球の $\dfrac{1}{4}$ というのがよい近似である．地球の第 2 宇宙速度が $11.2\,\mathrm{km/s}$ であることを利用して，月の第 2 宇宙速度を求めよ．

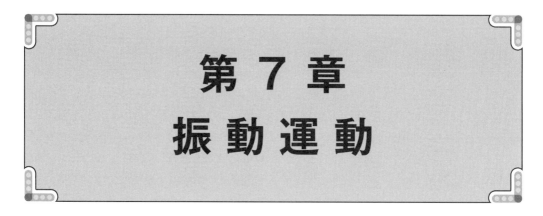

第 7 章 振動運動

　本章で学ぶのは「振動運動」である．円運動と同様，振動運動もあらゆるところで見ることができる．化学結合した2個の原子，時計の振り子，風にゆれる樹の枝，地震でゆれる建物など，一見するとスケールも，見た目も全く異なるこれらの現象をつなぐ1つの鍵は，「変位に比例する復元力」である．例えばコイルばねは，自然の長さから伸ばしても縮めても元の長さに戻ろうとする力がはたらくが，これが「復元力」である．このような特性（弾性とよぶ）をもつ物体が多いことが，振動運動があらゆるところに見られる理由である．

　変位を時間で2回微分すると加速度になり，加速度は物体に加わる力に比例するから，変位に比例する復元力を運動方程式で表せば，「物体の変位を時間で2回微分したものが元の変位と比例する」形をもつだろう．しかも，加速度の符号は変位に対してマイナスになる．このような性質をもつ関数の代表は三角関数である．つまり，振動運動は，三角関数で表されるに違いない，という洞察が得られる．

　前章で学んだ円運動は，デカルト座標に分解すれば x, y 成分それぞれが三角関数で表される変位であった．これは，最も基本的な「単振動」の変位に等しい．したがって，「弧度法」，「角速度」，「周期」などのキーワードは振動運動でもそのまま活用される．

7.1 円運動と単振動

　図7.1は，半径 R の軌道上を等速円運動する質点を表している．運動が $\theta(t) = \omega t + \theta_0$ で与えられるとき，変位の x および y 座標が

$$x(t) = R\cos(\omega t + \theta_0) \tag{7.1}$$
$$y(t) = R\sin(\omega t + \theta_0) \tag{7.2}$$

で与えられることを第6章で学んだ．これは，「円運動する物体を真横から見れば，運動は三

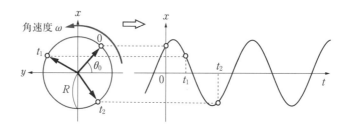

図7.1　等速円運動の $x(t)$ を時間の関数でグラフにしてみる．

角関数で表される」ことを示している．代表して $x(t)$ を取ろう．x 軸上の運動が $x(t) = R\cos(\omega t + \theta_0)$ で表されるとき，これを**単振動**または**調和振動**（harmonic oscillation）とよぶ．これは，最も単純かつ基本的な振動の形である．

> ***One Point*** **単振動**
>
> 単振動とは，変位 x の時間変化が以下の関数で表される運動である．
> $$x(t) = R\cos(\omega t + \theta_0) \tag{7.3}$$
> R：振幅
> ω：角振動数
> θ_0：初期位相

R は単振動の原点からの最大の変位を表し，これを**振幅**とよぶ．円運動の角度 θ に相当する変数が単振動にもあり，それは**位相**とよばれる．位相は**角振動数** ω と時刻 t を掛けたものに**初期位相** θ_0 を加えたもので，振幅，角振動数，初期位相が決まれば，単振動は1つに決まる．

円運動の「周期」，「回転数」に相当する概念は単振動にもあり，振動が1往復するのにかかる時間 T [s] を**周期**，毎秒振動する回数 f [s^{-1}] を**振動数**とよぶ．周期と振動数は互いに逆数の関係で，ω を使い

$$T = \frac{2\pi}{\omega} \tag{7.4}$$

$$f = \frac{\omega}{2\pi} \tag{7.5}$$

と表される．

例題 7.1 図 7.2 のように表される単振動を数式で表しなさい．円周率は 3.14 として，有効数字 2 桁で解答せよ．

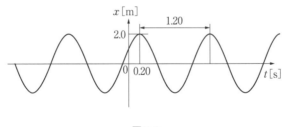

図 7.2

【解答】 $x(t) = 2.0\cos(5.2t - 1.0)$

【解説】 最大の変位は 2.0，変位が最大になったときの時刻は 0.20 s で，周期は 1.20 s であることがわかる．ここから，$\omega = \dfrac{2\pi}{1.2}$ と，$\dfrac{2\pi}{1.2} \times 0.2 + \theta_0 = 0$ を得る． ◆

7.2 単振動の速度，加速度

(7.3)で表される単振動運動を時間微分すると，単振動運動の速度，加速度が得られる．

> **One Point　単振動の速度，加速度**
>
> 速度：$\dfrac{dx}{dt} = -\omega R \sin(\omega t + \theta_0)$　　　　　　(7.6)
>
> 加速度：$\dfrac{d^2 x}{dt^2} = -\omega^2 R \cos(\omega t + \theta_0) = -\omega^2 x(t)$　　(7.7)

ここで，単振動運動の加速度が，$x(t)$ に $-\omega^2$ を掛けた値であることは大変重要である．単振動運動は，常に現在の変位から原点に向かう加速度を生じる運動であるため，原点から離れるときに物体は減速し，近づくときは加速する．

例題 7.2 図 7.3 のように，鉛直なばねで支えられ，水平に設置された皿の上におもりが乗っている．皿を押し下げて離すと，皿とおもりは一体となって単振動する．このとき，角振動数 ω は一定で，振幅によらない（後述）．ところが，振幅が大きすぎると，おもりが皿から浮き上がってしまう．おもりが浮き上がらない最大の振幅を求めよ．

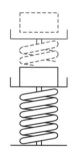

図 7.3

【解答】　$\dfrac{g}{\omega^2}$

【解説】　与えられた条件が少なすぎて，どこから手をつけたらよいか見当もつかないかもしれない．しかし，わかってしまえばどうということはない．おもりが単振動の最上点にあるとき，(7.7)からおもりには下向きに最大の加速度 $-\omega^2 R$ が加わる．この加速度は，おもりにはたらく重力 $m\boldsymbol{g}$ と皿の垂直抗力 $\boldsymbol{N}$ の合力により生じるものである（図 7.4）．垂直抗力がマイナスになることはないから（→3.2 節），下向き加速度の最大は g である．解は $\omega^2 R = g$ を変形することで得られる．　◆

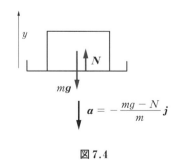

図 7.4

7.3 単振動の運動方程式

1次元の運動, $x(t)$ を考える. 物体にはたらく外力が原点からの変位に比例し, かつ原点に向かう方向であるとする. すると, 外力は, 比例定数を k として以下のように書けるだろう.

$$F(x) = -kx \tag{7.8}$$

この外力によって運動する物体の運動方程式は

$$m\frac{d^2x}{dt^2} = -kx \tag{7.9}$$

と書ける. m を移項し, $\dfrac{k}{m} = \omega^2$ とおけば, (7.7)を得る. すなわち, 原点からの距離に比例する復元力を受ける物体の運動は単振動である.

One Point　単振動の運動方程式

$$\frac{d^2x}{dt^2} = -\omega^2 x \tag{7.10}$$

角振動数 ω は, 物体の質量と復元力で決まる定数である. つまり, 単振動の角振動数は与えられた系の特徴を表す量で, 振動が始まる前から予め決まった量である. これを系の**固有振動数**とよぶ.

7.3.1　運動方程式を解く

(7.10)の運動方程式を解いてみよう. もちろん, (7.3)が解の1つであることは自明だが, ここではそれを仮定せずに解く方法について述べる. 運動方程式を整理すると, これは以下のような2階斉次線形微分方程式になっていることがわかる.

$$\frac{d^2x}{dt^2} + \omega^2 x = 0 \tag{7.11}$$

コラム（→ p.42）で示した一般的解法で解いてみよう. 特性方程式は

$$\lambda^2 + \omega^2 = 0 \tag{7.12}$$

で, 根が $+i\omega$ と $-i\omega$ の2個であることはすぐわかる. したがって, $x(t)$ は以下の形で書ける.

$$x(t) = C_1 e^{i\omega t} + C_2 e^{-i\omega t} \qquad (C_1, C_2 \text{ は任意の定数}) \tag{7.13}$$

オイラーの公式を使えば, 複素数の指数関数は三角関数で書きかえられて,

$$\begin{aligned} x(t) &= C_1\{\cos(\omega t) + i\sin(\omega t)\} + C_2\{\cos(\omega t) - i\sin(\omega t)\} \\ &= (C_1 + C_2)\cos(\omega t) + i(C_1 - C_2)\sin(\omega t) \end{aligned} \tag{7.14}$$

の形を得る. $x(t)$ は物体の変位を表すから, 虚数成分をもつことはありえない. そこから, 「$C_1 + C_2$ は実数, $C_1 - C_2$ は純虚数」という関係が得られるが, これは「C_1 と C_2 は互いに**共役複素数**」であることを意味する.

改めて $C_1 + C_2$ を実数 A, $i(C_1 - C_2)$ を実数 B とおけば,

$$A\cos(\omega t) + B\sin(\omega t) \qquad (A, B \text{ は定数}) \tag{7.15}$$

90   7. 振 動 運 動

を得る.

さらに, 互いに共役な C_1 と C_2 を極形式で $C_1 = \dfrac{R}{2}e^{i\theta_0}$, $C_2 = \dfrac{R}{2}e^{-i\theta_0}$ と書きなおして(7.13)
に代入する. すると, 解は(7.3)の形に変形できることがわかる.

$$x(t) = \frac{R}{2}e^{i\theta_0}e^{i\omega t} + \frac{R}{2}e^{-i\theta_0}e^{-i\omega t}$$

$$= R\left\{ \frac{e^{i(\omega t + \delta)} + e^{-i(\omega t + \delta)}}{2} \right\}$$

$$= R\cos(\omega t + \theta_0) \qquad (R, \theta_0 \text{ は定数}) \qquad (7.16)$$

One Point　**単振動の運動方程式の一般解**

$$x(t) = A\cos(\omega t) + B\sin(\omega t) \qquad (A, B \text{ は任意の定数}) \qquad (7.17)$$

$$x(t) = R\cos(\omega t + \theta_0) \qquad\qquad (R, \theta_0 \text{ は任意の定数}) \qquad (7.18)$$

(7.17)と(7.18)は互いに変換可能. $R = \sqrt{A^2 + B^2}$, $-\tan\theta_0 = \dfrac{B}{A}$ の関係がある.

【証明】 $\sqrt{A^2 + B^2} = \sqrt{(C_1 + C_2)^2 + \{i(C_1 - C_2)\}^2}$

$\qquad\qquad\quad = \sqrt{4C_1C_2} = R.$

$A = C_1 + C_2 = \dfrac{R}{2}(e^{i\theta_0} + e^{-i\theta_0})$

$\quad = R\cos\theta_0.$

$B = i(C_1 - C_2) = i\dfrac{R}{2}(e^{i\theta_0} - e^{-i\theta_0})$

$\quad = -R\sin\theta_0.$

$\therefore \quad -\tan\theta_0 = \dfrac{B}{A}.$

したがって, どのような系であれ, その運動方程式が(7.10)で書けるような運動は, (7.17)
あるいは(7.18)で表される単振動運動をする, ということがわかった. (7.17)と(7.18)は互い
に変換可能な等価なものなので, 必要に応じて使い分ければよい. ただし, ここではまだ積分
定数が決まっていないことに注意する. 定数を決めるためには, $t = 0$ における物体の変位と
速度が知られていなくてはならない. いくつかの具体例で単振動運動を運動方程式で表し, 運
動を決定してみよう.

7.3.2 単振動の例

(1) ばねとおもりの振動

例題7.3 図7.5のように, 滑らかで水平な床に置かれ, ばね定数 k のばねにつながれた質量
m のおもりがある. 初め, ばねは自然長であり, このときのおもりの位置を原点にとる. お

もりを X だけ引っ張り，時刻ゼロで静かに離す．その後のおもりの運動を決定せよ．

図 7.5

【解答】 $x(t) = X \cos\left(\sqrt{\dfrac{k}{m}}\, t\right)$

【解説】 おもりは，ばねからフックの法則に従う力を受ける．したがって運動方程式は

$$m\frac{d^2 x}{dt^2} = -kx \tag{7.19}$$

である．両辺を m で除し，$\omega^2 = \dfrac{k}{m}$ とおけば単振動の運動方程式を得る．解は (7.17) を使おう．$x(t) = A\cos(\omega t) + B\sin(\omega t)$ に初期条件を代入，運動を決定する．$t = 0$ で $x = X$, $\dfrac{dx}{dt} = 0$ だから，A と B に以下の関係が成立する．

$$X = A\cos(0) + B\sin(0) \quad \therefore\quad A = X \tag{7.20}$$
$$0 = -\omega A\sin(0) + \omega B\cos(0) \quad \therefore\quad B = 0 \tag{7.21}$$

したがって，運動は $x(t) = X\cos(\omega t) = X\cos\left(\sqrt{\dfrac{k}{m}}\, t\right)$ と決定できた． ◆

(2) 単振り子

例題 7.4 図 7.6 のように，軽く，伸びないひもで天井から吊り下げられた小さなおもりがある．ひもの長さを l，おもりの質量を m とする．ひもがたるまないよう，わずかな角度 θ_0 だけ鉛直線から傾くようにおもりを引き上げ，時刻ゼロで静かに手を離した．おもりの運動を決定せよ．

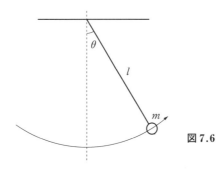

図 7.6

【解答】 $\theta(t) = \theta_0 \cos\left(\sqrt{\dfrac{g}{l}}\, t\right)$

【解説】 この問題は，**単振り子**とよばれる，ニュートン力学の問題でも特に重要なものである．おもりの運動は，ひもの角度 θ で記述できる．$\theta(t)$ の運動方程式を直接解く方法は第 11 章で

扱うので，ここでは半径 l の円弧に沿って測ったおもりの変位 s を変数とする．このような座標系を**曲線座標系**とよぶ．曲線座標系の運動方程式は，曲線上の位置と曲線に沿った力が定義されれば，直線の運動方程式と同等に取り扱える．

おもりにはたらく力を図 7.7 に示した．力は重力 $m\boldsymbol{g}$ と張力 $\boldsymbol{T}$ である．張力が s に垂直なのは明らかだから，我々は重力の s に平行な成分，$-mg\sin\theta$ のみを考えればよい．

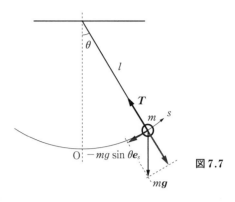

図 7.7

運動方程式は

$$m\frac{d^2s}{dt^2} = -mg\sin\theta = -mg\sin\left(\frac{s}{l}\right) \tag{7.22}$$

となるが，これは線形微分方程式ではない．なぜなら，s の三角関数，$\sin\left(\frac{s}{l}\right)$ が方程式に含まれるからである．(7.22) を解く方法はあるが，それは本書の内容を超える（→ p. 42）．

一方，角度 θ が充分小さいときは $\sin\theta \approx \theta$ の近似を使うことができ，このとき運動方程式は以下のような線形微分方程式となる．

$$\frac{d^2s}{dt^2} = -\frac{g}{l}s \tag{7.23}$$

$\omega^2 = \frac{g}{l}$ とおけば単振動の運動方程式を得る．解は (7.17) を使おう．$s(t) = A\cos(\omega t) + B\sin(\omega t)$ に初期条件を代入，運動を決定する．$t=0$ で $s = l\theta_0$，$\frac{ds}{dt} = 0$ だから，A と B に以下の関係が成立する．

$$l\theta_0 = A\cos(0) + B\sin(0) \qquad \therefore \quad A = l\theta_0 \tag{7.24}$$

$$0 = -\omega A\sin(0) + \omega B\cos(0) \qquad \therefore \quad B = 0 \tag{7.25}$$

したがって，運動は $s(t) = l\theta_0\cos(\omega t) = l\theta_0\cos\left(\sqrt{\frac{g}{l}}t\right)$ と決定できた．両辺を l で割れば，$\theta(t)$ を得る． ◆

振幅が小さい単振り子の運動の最大の特徴は，周期がひもの長さと重力加速度だけで決まり，おもりの重さにも，振幅にもよらないということである．これを**振り子の等時性**とよぶ．ガリレオ・ガリレイは，礼拝中に，教会のランプがゆれるのを見てこの原理を発見したと伝えられている．振り子の等時性を利用した機器の代表が「振り子時計」である．また，周期が重力加速度 g に依存することから，振り子は g の精密決定にも使われる．

7.4 減衰振動

日常的な経験からもわかるように，振動運動は永久的には続かず，外力を加えない限りは減衰し，やがて止まってしまう．これは，運動に伴う抵抗が運動エネルギーを徐々に奪っていくためである．これを「減衰振動」という．

人為的に，振動に対して減衰力を与える機構の代表的なものが，図7.8に示される**オイルダンパー**または**ダッシュポット**とよばれるものである．ダンパーは注射器のようなシリンダーとピストンからなり，油が封入されている．ピストンを動かすと，油はシリンダーとピストンの隙間を流れる

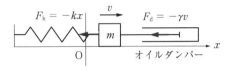

図7.8 速度に比例する抵抗がはたらく振動運動のモデル

ので抵抗が生じる．このとき，抵抗力はピストンの運動速度に比例するので，力は3.6節（→ p.37）で学んだ「速度に比例する抵抗」と同じに書ける．

図7.8のように，ばねにつながれたおもりに，速度に比例する抵抗力 $-\gamma v$ がはたらくダンパーが付随した場合の運動を考える．運動方程式を立て，運動を解析しよう．

$$m\frac{d^2x}{dt^2} = -\gamma\frac{dx}{dt} - kx \tag{7.26}$$

運動方程式は斉次線形だから，特性方程式を立てて解く．以降の解析を楽にするため，$\frac{\gamma}{m} = 2\kappa$, $\frac{k}{m} = \omega_0^2$ とおきなおす．

$$\lambda^2 + 2\kappa\lambda + \omega_0^2 = 0 \tag{7.27}$$

$$\lambda_1 = -\kappa + \sqrt{\kappa^2 - \omega_0^2}, \quad \lambda_2 = -\kappa - \sqrt{\kappa^2 - \omega_0^2} \tag{7.28}$$

$$x(t) = C_1 e^{\lambda_1 t} + C_2 e^{\lambda_2 t} \quad (C_1, C_2 \text{は任意の定数}) \tag{7.29}$$

(7.29)が運動方程式の一般解であるが，運動は κ^2 と ω_0^2 の大きさの比によって大きく様相を変える．κ^2 と ω_0^2 の比と，典型的な $x(t)$ のグラフを図7.9にまとめた．

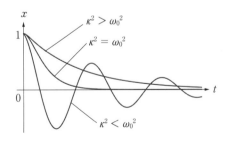

図7.9 (7.26) の解．κ^2 と ω_0^2 の大きさの比が異なる3つのパターンを例示．いずれも，$t=0$ で $x=1$, $\frac{dx}{dt}=0$ を初期条件として任意定数を決定した．

(1) $\kappa^2 > \omega_0^2$ （過減衰）

この場合，特性方程式の根は2つの負の実数となり，運動方程式の解は2つの減衰する指数関数で以下のように表される．

$$x(t) = C_1 e^{-\alpha_1 t} + C_2 e^{-\alpha_2 t} \quad (C_1, C_2 \text{は任意の定数})$$
$$\alpha_1 = \kappa - \sqrt{\kappa^2 - \omega_0^2}, \quad \alpha_2 = \kappa + \sqrt{\kappa^2 - \omega_0^2} \tag{7.30}$$

おもりは振動せず，緩やかに平衡の位置に向かって近づいていく．このような運動は**過減衰**とよばれる．日常生活では，緩やかに閉まるドアの機構（ドアクローザー，図7.10）が，ばねとオイルダンパーを組み合わせて作られているが，ばねの強さとダンパーの抵抗の大きさの比が過減衰になるよう定められている．

図 7.10　ドアクローザー

(2)　$\kappa^2 = \omega_0^2$　（臨界減衰）

特性方程式の根は**重根**となり，この場合，運動方程式の解は素直に2つの指数関数で表すことはできず，以下のように表されることが知られている．

$$x(t) = (C_1 + C_2 t) e^{-\kappa t} \quad (C_1, C_2 \text{は任意の定数}) \tag{7.31}$$

このような運動は**臨界減衰**とよばれている．これ以上抵抗が少なくなると，おもりは原点をまたいでしまうが，おもりが原点を超えない運動で最も早く原点に近づくのが臨界減衰の条件である．

臨界減衰の条件が利用されるのが，自動車のサスペンションである（図7.11）．サスペンションは，ばねとオイルダンパーの組み合わせで作られている．時刻ゼロで，ばねに大きな圧縮力が加わったとしよう．状況は，例えばタイヤが段差を乗り越えたような場合である．すると，ばねが圧縮され，サスペンションが縮むことで段差が与える撃力が車体に直接伝わるのを防ぐ．その後，ばねは伸びて元の位置に戻るが，ダンパーが弱すぎるとばねは平衡の位置から伸び側に変位し，車体が何度も弾んでしまう．抵抗が強

図 7.11　サスペンション

すぎると，撃力に対してばねが充分縮まないため，ショックがそのまま車体に伝わってしまう．その中庸が臨界減衰条件なのである[21]．

(3)　$\kappa^2 < \omega_0^2$　（減衰振動）

特性方程式の根は2つの複素数となる．素直に指数関数に代入すると，

$$x(t) = C_1 e^{-\kappa + i\sqrt{\omega_0^2 - \kappa^2}} + C_2 e^{-\kappa - i\sqrt{\omega_0^2 - \kappa^2}} \tag{7.32}$$

---

[21] 実際には，乗り心地を優先して多少は振動させるようセッティングするようである．

となり，これをオイラーの公式で変形すれば，運動は

$$x(t) = Re^{-\kappa t}\cos(\omega t + \theta_0)$$
$$(\omega = \sqrt{{\omega_0}^2 - \kappa^2},\ R,\ \theta_0 \text{は任意の定数})$$
(7.33)

と表される．すなわち，おもりは振幅を減らしながら振動する．このような運動は**減衰振動**とよばれる．日常見かける振動現象の多くは減衰振動でよく近似される．例えばギターの弦を弾くとポーンと長い音が鳴り，やがて消えていく（図 7.12）．これは典型的な減衰振動である．

$t = 0$ で変位が x_0，速度をゼロとして運動を決定すると，定数 $R,\ \theta_0$ はそれぞれ

$$-\tan\theta_0 = \frac{\kappa}{\omega} \quad (7.34)$$

$$R = \frac{\omega_0}{\omega}x_0 \quad (7.35)$$

図 7.12 ギター

となる．$\kappa^2 \ll {\omega_0}^2$ のとき，$\theta_0 \approx 0,\ \omega \approx \omega_0$ の近似が成り立ち，運動は以下のように表される．

$$x(t) = x_0 e^{-\kappa t}\cos(\omega_0 t) \quad (7.36)$$

変位の時間変化をグラフにしたものを図 7.13 に示す．指数関数の部分に注目しよう．第 3 章（→ 3.6 節，p.37）の「速度に比例する抵抗」で見たように，指数関数の特徴は「一定の時間ごとに値が元の $\frac{1}{e}$ になる」ということで，その時間を**時定数**とよぶ．(7.36) の時定数は κ の逆数で与えられる．したがって，(7.36) が与える運動は，時間が $\frac{1}{\kappa}$ 経過するごとに振幅が $\frac{1}{e}$ になるような振動である．

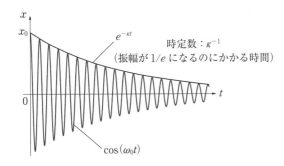

図 7.13 $\kappa^2 \ll {\omega_0}^2$ の，緩やかな減衰の減衰振動

> ### One Point　減衰振動
> 運動方程式が以下の微分方程式で表されるとき，物体の運動について以下のことがいえる．
>
> $$\frac{d^2x}{dt^2} + 2\kappa\frac{dx}{dt} + {\omega_0}^2 x = 0 \quad (7.37)$$
>
> ✓ 運動は κ^2 と ${\omega_0}^2$ の大きさの比で大きく異なる．
> ✓ $\kappa^2 > {\omega_0}^2$ のときは過減衰で，物体はゆっくり原点に向かって運動する．

✓ $\kappa^2 = \omega_0{}^2$ のときは臨界減衰で，物体は原点を超えない条件で最も早く原点に近づく．

✓ $\kappa^2 < \omega_0{}^2$ のとき，物体は減衰振動する．

✓ $\kappa^2 \ll \omega_0{}^2$ のとき，物体の運動は以下の式で近似できる．

$$x(t) = x_0 e^{-\kappa t} \cos(\omega_0 t) \tag{7.38}$$

7.5 強制振動

図 7.14 のように，ばね，おもり，速度に比例した抵抗からなる系に周期的な外力，$F(t) = F_0 \cos(\omega_e t)$ を加える．すると，おもりは振動するだろう．このように，周期的な外力によって起こされる振動は**強制振動**とよばれる．強制振動は，充分な時間が経った後に，以下の 2 つの特徴で表される状態となる．

(1) 抵抗があるにもかかわらず，系は一定の振幅で定常振動する．

(2) 振動の角振動数は，周期的な外力の角振動数 ω_e に一致する．

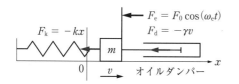

図 7.14 図 7.8 の系に，周期的な外力を加える．

運動方程式を立て，運動を解析しよう．(7.26) の運動方程式に，周期的な外力の項を加える．

$$m\frac{d^2x}{dt^2} = -\gamma\frac{dx}{dt} - kx + F_0 \cos(\omega_e t) \tag{7.39}$$

減衰振動のときと同様に，$\dfrac{\gamma}{m} = 2\kappa$，$\dfrac{k}{m} = \omega_0{}^2$ とおきなおす．

$$\frac{d^2x}{dt^2} + 2\kappa\frac{dx}{dt} + \omega_0{}^2 x = \frac{F_0}{m}\cos(\omega_e t) \tag{7.40}$$

微分方程式は非斉次線形だから，一般解を求めるには以下の手順を踏む（→ p.42）．

(1) 斉次形微分方程式の一般解を求める．

(2) 非斉次形微分方程式の特殊解を求める．

(3) (1) と (2) を足す．

ところが，(1) で求めた部分は指数関数的減衰を含むため，時間とともに消滅する．充分な時間が経った後に残るのが定常振動で，これは (2) の「特殊解」の部分である．今は，この定常解にのみ注目しよう．

定常解は角振動数 ω_e で振動することは確実だから，これを $x(t) = x_0 \cos(\omega_e t + \theta_0)$ とおく．これを，運動方程式に代入してみよう．すると，

$$-\omega_e{}^2 x_0 \cos(\omega_e t + \theta_0) - 2\kappa\omega_e x_0 \sin(\omega_e t + \theta_0) + \omega_0{}^2 x_0 \cos(\omega_e t + \theta_0) = \frac{F_0}{m}\cos(\omega_e t) \tag{7.41}$$

が得られる．(7.41) の左辺は $\sin(\omega_e t + \theta_0)$ と $\cos(\omega_e t + \theta_0)$ の合成，右辺は $\cos(\omega_e t)$ と，位相の異なる単振動である．ここで，調和振動の一般解が $x(t) = A\cos\omega t + B\sin\omega t$ とも $x(t) = R\cos(\omega t + \theta_0)$ とも表せ，A，B，R の間に $R^2 = A^2 + B^2$ の関係が成立することを利用しよう(→ p.89)．すると以下の関係が成立する．

$$x_0{}^2\{(\omega_0{}^2 - \omega_e{}^2)^2 + 4\kappa^2\omega_e{}^2\} = \left(\frac{F_0}{m}\right)^2 \tag{7.42}$$

変形すれば，おもりの振幅を ω_e の関数で表した以下の関係を得る．

$$x_0 = \frac{F_0}{m\sqrt{(\omega_0{}^2 - \omega_e{}^2)^2 + 4\kappa^2\omega_e{}^2}} \tag{7.43}$$

今は，振幅にのみ興味があるので，負の項は捨てた．これをグラフに描いたものが図 7.15 である．

図 7.15 の意味を吟味してみよう．グラフから，振幅は，強制振動の周波数 ω_e が系の固有振動数 ω_0 に近くなると急激に大きくなることがわかる．これを**共振**という．

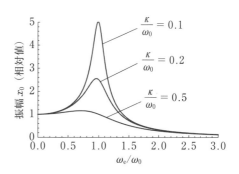

図 7.15 (7.43) を ω_e の関数で表したもの（共振曲線）

ブランコに乗った人を押して，ゆすることを考えてみよう．大きくゆするためにはブランコの固有振動にタイミングを合わせて押せばよいことは，小学校からの経験で知っているはずだ．この原理を使えば，冷蔵庫や自動車など，かなりの重量物も一人の力でゆすることができる．この理論的裏づけが図 7.15 の結果なのである．

地震が起こったとき，ある特定の建物だけが周りに比べ激しく壊れるということがよくある．これは，建物の固有振動数が不幸にも地震動の振動数に近く，共振が起こったことが原因である．

一方，共振の考え方は，振動を防ぐためにも役立てられる．オートバイのハンドル先端におもりをつけると不快な振動が減る，というのはライダーの間でよく知られた事実であるが，これは，質量を変えることで，ハンドルの共振周波数をエンジンの常用回転数からずらす工夫である．

防振対策のもう 1 つの方法が，$\frac{\kappa}{\omega_0}$ の比を大きくするということが図 7.15 からわかる．振動する系に付加的な減衰項を加える**制振ダンパー**とよばれる部品があり，やはりさまざまな分野で使われている．

One Point **強 制 振 動**

図 7.14 のように，ばねと速度に比例する抵抗がある系に角振動数 ω_e の周期的な外力を加える．運動方程式は以下のように表される．

$$\frac{d^2x}{dt^2} + 2\kappa\frac{dx}{dt} + \omega_0^2 x = \frac{F_0}{m}\cos(\omega_\mathrm{e} t) \tag{7.44}$$

運動は，時間とともに減衰する項と，外力の角振動数 ω_e で振動する項の和で表される．充分な時間が経った後の系の運動は角振動数 ω_e の単振動で，振幅 x_0 は以下の式で表される．

$$x_0 = \frac{F_0}{m\sqrt{(\omega_0^2 - \omega_\mathrm{e}^2)^2 + 4\kappa^2\omega_\mathrm{e}^2}} \tag{7.45}$$

x_0 は $\omega_0 = \omega_\mathrm{e}$ のとき最大値を取り，この状態を「共振」とよぶ．

章 末 問 題

Q 7.1 ばね定数 k のばねの一端を固定して，他端に質量 m のおもりをつけ，摩擦のない床に水平に置いた．座標軸を図 7.16 のように取る．時刻ゼロでおもりを叩いて $+x$ 方向の力積 I を与えた．以下の問に答えなさい．

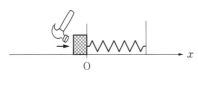

図 7.16

(1) おもりの運動を表す運動方程式を立てなさい．
(2) 運動方程式の初期条件を答えなさい．
(3) おもりの運動を決定しなさい．
(4) 運動の振幅を求めなさい．
(5) 加速度の最大値（絶対値）を求めなさい．

Q 7.2 質量 m の物体がばねに取りつけられて単振動している．運動は $x = A\cos(\omega t + \theta_0)$ で与えられる．以下の問に答えよ．
(1) ばね定数を答えよ．
(2) ばねに蓄えられているエネルギーと運動エネルギーの和が，常に一定であることを示しなさい．

Q 7.3 図 7.17 のように，鉛直方向に伸縮できるばね定数 k のばねに軽い皿を取りつけ，質量 m のおもりを乗せた．ばねの平衡の位置を $y = 0$ として，上向きに y 軸を取る．以下の問に答えよ．

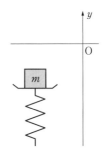

図 7.17

(1) ばねが静止しているときの皿の位置を求めよ．
(2) 次に，おもりを $-y_1$ ($y_1 > 0$) の位置に変位させ，手を放すとおもりは単振動した．$y(t)$ を決定せよ．
(3) この運動が成立する y_1 の条件を答えなさい．

Q 7.4 図 7.18 のように，滑らかで水平な床に置かれた質量 m の小さなおもりに 2 個のばねを取りつけ，他端を壁に固定した．壁間距離は $2a$，

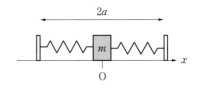

図 7.18

ばねの自然長は 1 本当り l である. 座標軸を図 7.17 のようにとった.

(1) おもりの位置 x の運動方程式を立てなさい.

(2) おもりを正の方向に x_0 変位させ, 時刻ゼロで手を離した. 運動を決定せよ.

Q 7.5 (7.31) が, 運動方程式 (7.37) の解であることを示しなさい.

Q 7.6 自動車のサスペンションの設計をしよう. 車重は 1.8×10^3 kg, 車重でばねが 50 mm 縮むようにする (車輪が 4 個あることに注意). 重力加速度の大きさを 9.8 m/s^2 として以下の問に答えよ.

(1) ばね定数 k を決定しなさい.

(2) ダンパー (速度に比例する抵抗) の減衰定数 γ を決定しなさい. 一般的な設計指針として, サスペンションは臨界減衰となるように作るものとする.

第 8 章
慣 性 力

第6章で，円運動を引き起こす力は「向心力」であることを学んだ．一方，日常的な体験では，円運動する物体，例えばカーブを曲がる自動車の中で感じられる力は，体がカーブの外側に押しつけられるような「遠心力」である．また，エレベーターが下がり出すときには体が軽く感じ，列車が動き出すときには体が後ろに引っ張られるように感じる．これらの現象に共通する点は，私達が，自分が周囲の枠に対して止まっているとき，自分を「静止している」と認識することと，枠そのものが加速しているという事実である．観測者は慣性の法則により静止状態を続けようとしているのだが，枠が加速しているため，中の物体が力を受けて逆方向に加速しているように錯覚する，というのがこれらの力の説明である．

このように，座標系が加速しているがゆえに感じられる見かけの力を「慣性力」とよぶ．物理を教える教員ですら慣性力の意味を正しく把握していない人もいるから，読者が迷うのも無理はない．しかし，一度わかってしまうと，慣性力の考えでスッキリと解ける問題はたくさんある．特に，回転する座標系で観測される運動は大変複雑だが，「コリオリ力」が座標の「角速度ベクトル」と見かけの速度の外積に比例することを知っていれば理解はたやすい．

北半球で台風が反時計回りに渦を巻くのはコリオリ力で説明できる．日常生活で地球の自転を意識することはまずないが，フランスの物理学者フーコーは，振り子の振動面が刻々と回転するのは地球が自転している証拠であることを示し，科学史にその名を残した．他にも，飛行機による擬似無重力やスペースコロニーなど，慣性力で説明できる現象は数多くある．本章はなるべく実例を示しつつ学んでいこう．

8.1 慣性系と非慣性系

第2章でニュートンの運動の法則を学んだとき，第1法則は単に第2法則で $F = 0$ の特別な場合を指しているのではなく，「第1法則が成立する座標系が存在する」宣言であることを述べた．運動の第1法則が成り立つような座標系を**慣性系**とよぶ．この宇宙は慣性系で，ある慣性系に対して等速運動している座標系はすべて慣性系である．

一方，座標系そのものが慣性系に対して加速度運動している場合，この系を**非慣性系**とよぶ．当然，非慣性系ではニュートンの第1法則が成り立たない．では，ニュートン力学が適用できないかというとそんなことはない．そのために必要なのが**慣性力**という考え方なのである．

図8.1は，加速しつつ進む列車の中に，ひもで吊るされたおもりが置かれている状況である．

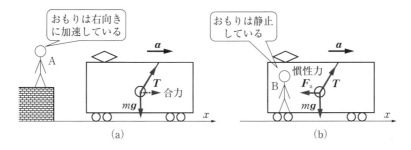

図 8.1 加速する列車の中で吊るされたおもりを異なる立場から眺める．
(a) 列車の外の慣性系から見る，(b) 列車の中の非慣性系から見る．

地球は自転しているため慣性系ではないが，その角速度は遅いため，日常見かける運動の範囲では地表を基準とした座標系は慣性系と見なす．列車は一定の加速度で運動しており，振り子は列車に対して相対的に静止している．このとき，誰もが知っているように，おもりは斜めになって静止するだろう．

おもりにかかる力を列車の外の A が見る．A が見る力は重力と張力だけである．力ベクトルの方向は異なるから，これらの力は打ち消し合わず，進行方向前方の成分を生じるが，もちろんこれは正しい．なぜなら，おもりは列車と同じ加速度 a で加速度運動しているから，ニュートンの第 2 法則から正味の力を受けているはずだからである．

一方，列車を基準とした座標系にいる B がこのおもりを観測すると，おもりは重力と張力のみを受けているにもかかわらず「斜めになって静止している」ように見える．つまり，ニュートン力学的にはこの状態は正しくないが，それもそのはず，この系は慣性系ではない．

ここで考え方を変えよう．「非慣性系にあるあらゆる物体は，座標系の加速度 a と逆向きの力を受ける．その大きさは $F_a = -ma$ である」と約束する．すると，おもりにかかる力は重力，張力と第 3 の力 F_a がちょうどつり合い，ニュートン力学が復活する．

このように，加速度運動している座標系でニュートン力学を正しく扱うために，便宜的に仮定する力を「慣性力」とよぶ．

> **One Point　慣 性 力**
>
> 座標系が加速度 a で加速しているとき，系の質点の運動は以下の「慣性力」F_a[22] を導入することによりニュートンの運動の法則に従う．
>
> $$F_a = -ma \tag{8.1}$$
>
> ここで，m は質点の質量である．

もちろん，あらゆる運動は，慣性系から観測すれば，「慣性力」なるものを導入せずとも正しくニュートンの運動の法則に従う．しかし，座標系が加速していて，しかもその座標系の中にある物体の運動のみに興味がある場合は多い．このときは，単に座標系の加速度に伴う慣性

---

[22] 添字 a は英語の apparent（見かけの）から取った．

力を，重力と同様に天下りに導入するだけでよいので，問題の取り扱いが楽になるのである．

例題 8.1 図 8.1 で，ひもの角度は鉛直線から測って θ であった．列車の加速度の大きさを求めよ．

【解答】 $g \tan \theta$

【解説】 列車の中で見た力のつり合いが図 8.2 である．図から，$F_a = T \sin \theta$，$mg = T \cos \theta$ を得る．T を消去すれば $\dfrac{F_a}{mg} = \tan \theta$ で，後は $F_a = ma$ を代入すれば $a = g \tan \theta$ を得る．

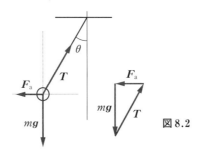

図 8.2

【別解】 3つの力ベクトルはつり合っている．したがって，T，F_a，mg を足せば閉じた三角形となる．ベクトル $-T$ と mg がなす角が θ，$F_a = -ma$ と mg は直交しているから $\dfrac{ma}{mg} = \tan \theta$ が成り立つ． ◆

8.2 等加速度運動する非慣性系の例

座標系が等加速度運動している非慣性系で，慣性力をどのように使って問題を解くか，具体例を使って考えよう．

例題 8.2 図 8.3 のように，静止した列車内の水平な床面に質量 m の鞄が置かれている．列車が右向きに加速度 a で等加速度運動を始めたところ，鞄が床の上を滑り出した．列車の外の観測者を A，列車の中の観測者を B とする．列車の外に 1 次元の座標系 x，列車の中に同じく x' を図 8.3 のように定義する．床と鞄の間の静止摩擦係数を μ_s，動摩擦係数を μ_k として以下の問に答えよ．

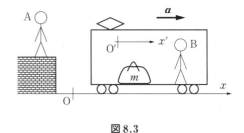

図 8.3

(1) A の立場（x 系）で見た，鞄にはたらく力をすべてベクトル矢印で示しなさい．
(2) B の立場（x' 系）で見た，鞄にはたらく力をすべてベクトル矢印で示しなさい．

(3) Aの立場（x系）で見て，鞄は左右どちらに動いているか．理由とともに答えなさい．

(a) 左　(b) 右　(c) どちらともいえない

(4) Bの立場（x'系）で見た鞄の加速度を求めなさい．

(5) 鞄が滑り出さない，列車の最大の加速度を求めよ．

【解答】 (1) 図8.4(a)　(2) 図8.4(b)

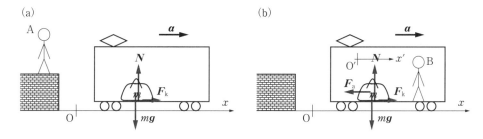

図8.4

(3) (b)右．x系ではたらく力を見れば，水平方向の力は摩擦力のみで，右向きであることは明らか．したがって，鞄は右に運動する．

(4) $\dfrac{d^2x'}{dt^2} = \mu_k g - a$

(5) $a_{\max} = \mu_s g$

【解説】 (1) 列車の外の慣性系から見れば，鞄にはたらいている力は重力，垂直抗力と動摩擦力のみである．一方，列車の中で観察するBは，鞄が列車の進行方向と逆の左向きに滑って行くのを見るだろう．したがって，「動摩擦力は運動と反対方向にはたらく」原理から，摩擦力は右向きである．

※慣性力以外の力の向きや大きさは，見る者の立場によって変わることはない．

これは当然のことだ．難しく考えることはない．「慣性力」とは，日常見かける現象に，ニュートン力学の立場から新しい見方をつけ加えるだけで，読者の経験が「間違い」といっているわけではないのだ．

(2) 列車の中の非慣性系で見る現象は，「鞄が慣性力により左向きに加速している」状況である．ここで，慣性力は動摩擦力より大きいことに注意せよ．さもなくば鞄は左に運動しない．慣性力は座標系（列車）の加速度と鞄の質量のみで決まり，摩擦には無関係である．一方，摩擦力は運動速度によらず，動摩擦係数 μ_k と垂直抗力 N のみで決まる．このように整理すれば，この先鞄がどのように運動するかが明確になるだろう．

(3) 鞄を右に駆動する力が床と鞄の間の動摩擦力であることに注意．すなわち，摩擦がなければ x 系で見た鞄は静止したままである．

(4) 素直に運動方程式を立てる．

$$m\frac{d^2x'}{dt^2} = \mu_k mg - ma \qquad 加速度：\frac{d^2x'}{dt^2} = \mu_k g - a$$

104　8. 慣　性　力

(5)　鞄を x' 系で進行方向に対して後へ押しやる力，F_a の大きさは ma で一定．したがって最大静止摩擦力に対して $F_{smax} = \mu_s mg = ma_{max}$ が成立し，m で除して $a_{max} = \mu_s g$ を得る．　◆

例題 8.3　図 8.5 は，下向きの加速度 a で運動するエレベーターを表している．以下の問に答えよ．

(1)　エレベーターの中にいる A が，体重計に乗って自分の体重を測った．地表で同じ体重計を使って測ると，A の体重は m [kg] であった．エレベーターの中で体重計が指す数値 [kg] を答えよ．

(2)　加速中のエレベーターの中でも質量の計測値が変わらない測り方はあるだろうか．

(3)　エレベーターは上昇しているか，下降しているか答えよ．

(4)　エレベーターのロープが切れ，自由落下を始めたとする．体重計が指す数値 [kg] を答えよ．

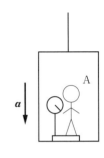

図 8.5

【解答】　(1)　$m\dfrac{g-a}{g}$ [kg]

(2)　天秤ばかりを使えばよい．あるいは，ばねに取りつけて振動させ，固有振動数を計測する．

(3)　この問の条件だけでは判断できない．

(4)　0 kg

【解説】　(1)　慣性力は，質量をもった物体すべてに平等に作用する．一方，体重計の原理は，「乗せられた物体が床に及ぼす重力」を計測するものである．慣性力により，A が床に及ぼす力は $mg - ma$ となる．元々の重力は mg [N] で，このとき体重計は「m [kg]」を指すから，$mg - ma$ なる重力がかかったときの体重計の指針はこれを g で割って $m\dfrac{g-a}{g}$．

(2)　質量を測る計器の原理は大きく3つに分けられる．

　　　(ア)　質量に及ぼされる重力を計測する．
　　　(イ)　他の既知の質量と比較する．質量の大きさは重力で計測する．
　　　(ウ)　力を加え，質量の加速度を計測する．

エレベーターの中は，未知の加速度により重力加速度が変動したように感じられる．したがって，(ア)は，質量を計測することができない．(イ)は，慣性力がすべての質量に等しくはたらくことから正しく質量が計測できる．この原理による代表的な計測器が天秤ばかりである．さらに(ウ)は，重力が存在しなくとも計測が可能である．一定の力を加えて加速度を測るのは難しいので，被測定物をばねに取りつけて固有振動数を測る方法が実用的である．実際に，宇宙空間で飛行士の体重を測る方法として活用されている．

(3)　加速度の向きが運動の向きと同じかどうかはわからない．上向きに運動しているエレベーターが静止しようとしているとき，加速度は下向きである．

(4) (1)の答に $a = g$ を代入せよ. ◆

例題 8.3 の(4)の解答は示唆に富んでいる. 我々は, 地上にいる限り重力を遮断することはできないが, 空中で, 自由落下する座標系にいれば, 重力と慣性力がちょうど打ち消し合って擬似的な無重力が生じる.

長さ 700 m あまりの垂直なトンネルを掘り, 小さなカプセルを落下させることで無重力下の物理実験を行う装置がかつて北海道に存在した[23]. 装置が壊れないよう減速する必要があるため, 無重力の区間は全体の 7 割, 時間にして 10 s ほどだという. また, 航空機を使えばもっと長い時間無重力を体験することができる. 読者も見たことがあると思うが, 専用の航空機を使い, フルパワーで真上に近い角度で上昇した後エンジンを切ると, 機体は自由落下を始める. エンジンを再点火するまでの数十秒間, 機体の中は無重力状態となる. 宇宙飛行士の訓練の他, 最近はレジャー用途にも使われているそうである.

8.3　回転する座標系と慣性力

8.3.1　遠 心 力

座標系が回転している場合の慣性力について考える. 等速円運動をしている自動車の中で静止している物体, 例えばドライバーはどのような力を感じるだろうか. 前節の議論から, 自動車内部のすべての質量 m は, 自動車の加速度 a と反対向きに ma の大きさの慣性力を感じるはずである. そして, 等速円運動の加速度は円の中心に向かうから, 自動車の中の物体は, カーブの外側に押しつけられるような見かけの力を感じる. これが, **遠心力**の正体である.

自動車の中の座標系で見るからといって, 物体にはたらく向心力が消えてなくなるわけではない. したがって, 自動車の中で静止している物体を見る観測者には向心力とつり合う力, すなわち遠心力がはたらいているように見える, というわけである.

One Point　遠 心 力

座標系が角速度 ω で回転しているとき, 系のすべての質点は, 回転中心から外側に向かう

$$F_c = mr\omega^2 e_r \tag{8.2}$$

の力を受ける. これを「遠心力」とよぶ[24]. ここで, r, m はそれぞれ質点の回転中心からの距離と質量である.

遠心力を別の角度から見てみよう. 例えば, 図 8.6 のように等速円運動する台車の中で, 摩擦のない水平面上に物体を置き, ある瞬間, 静かに手を離す. すると, 物体は遠心力によって台の外側へ滑っていく. これを台車の外の慣性系から見れば, 物体にはたらく合力はゼロであ

---

[23]　2003 年に閉鎖.
[24]　添字 c は英語の centrifugal force（遠心力）から取った.

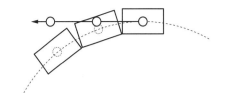

図8.6 等速円運動する台車の中にある，摩擦のないテーブルの上に置かれた物体

り，ニュートンの運動の法則に従って物体は等速直線運動するが，台車が内側へ曲がっていくために外側へと滑っていくように見えるというわけである．慣性系から見た物体の運動方向は，手を離した瞬間の速度の方向で，それは円周方向である．

細いひもにおもりをつけ，振り回すことを考えよう．突然ひもが切れたとき，おもりはどちらに飛んで行くか（図8.7）．直感的には半径外側の方向(b)に飛んで行くように感じられるが，実際には半径方向の速度成分はゼロで，おもりは円周方向(a)へ飛んで行く．

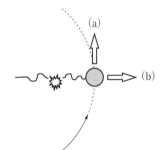

図8.7 おもりはどちらに飛んで行くか？
正解は(a)．

例題8.4 人類が継続的に宇宙で生活するには重力が欠かせない．そこで，円筒形の巨大な構造物を回転させ，その内側に「地面」を作るアイデアが生まれた．このような構造物は**スペースコロニー**とよばれ，SFではおなじみの存在である．では，半径 4.0 km の円筒構造物を回転させ，地上と同じ 9.8 m/s² の擬似重力を感じるためには，円筒は何秒ごとに1回転する必要があるか計算せよ．

【解答】 1.3×10^2 s

【解説】 擬似重力とは，すなわち円筒内面の慣性力である．円筒の角速度を ω，半径を r とすれば向心加速度は $a_r = r\omega^2$ で，これが擬似重力加速度だから，$a_r = 9.8$ m/s² と $r = 4.0 \times 10^3$ m を代入，$\omega = 4.95 \times 10^{-2}$ rad/s を得る．後は，第6章を見て，$T = \dfrac{2\pi}{\omega}$ を使えば $T = 1.3 \times 10^2$ s を得る．ゆっくり回っているようだが，大きさを考えれば相当速い．SF アニメを見たら，実際にこれくらいの速さで回っているかどうか確認するのも面白いだろう．

図8.8は実際にNASAの研究者が考案したコンセプトなのだが，現実には成立しがたいと思われる点が1つある．それは，太陽光を導く薄い3枚のパネルである．これらはコロニーから片持ちで支えられているように見えるが，その先端の慣性力は地球の重力の数倍である．果たして，支えることはできるだろうか？

図 8.8 O' Neill のスペースコロニー
（NASA Ames Research Center/Rick Guidice）[25]

8.3.2 コリオリ力

回転運動する座標系で物体が運動しているとき，観測者は遠心力とは異なる，物体の運動に依存する力を感じる．これを**コリオリ力**とよぶ．コリオリ力のイメージをつかむため，次のような例を考えよう．図 8.9 のように，スペースコロニー内面の A 点から，ボールを鉛直（回転軸方向）に投げ上げる．円筒とともに回転する観測者は擬似重力（遠心力）を感じており，投げ上げたボールにも擬似重力がはたらいているから，ボールは自分のところに戻ってくるだろうと期待する．ところが，ボールの運動を慣性系から眺めると，ボールは投げ上げられた瞬間にコロニーの回転と投げ上げの合成速度で運動を始め，その後は等速直線運動する．A 点はボールを追いかけるように回転するが，ボールは最短距離を進むので，落下点は少し先の A′ 点である．これを円筒内部の観測者が見るとどうなるだろうか．観測者は，ボールが空中で横方向の力を受けたため横に逸れたと思うだろう．このとき，（ニュートン力学を信じる）観測者が見る力がコリオリ力である．

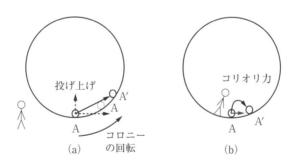

図 8.9 スペースコロニー内の投げ上げ運動．(a) 投げ上げ点を A とする．慣性系から見ると，ボールの運動は等速直線運動である．A 点はボールを追いかけるが，ボールの方が速いので落下点 A′ は A の先になる．(b) 同じ運動を内部の非慣性系から見る．ボールが投げ上げ点と異なる場所に落ちるということは，ボールには横向きの力が加わったと解釈される．

コリオリ力は物体の運動が前提となっているため，解析はかなり面倒である．少し我慢して，難しい式変形にお付き合いいただこう．図 8.10 のように，慣性系である 2 次元デカルト座標系 (x-y) と，(x-y) 系と原点が共通で，かつ一定の角速度 ω で回転するデカルト座標

---

[25] https://settlement.arc.nasa.gov/70sArtHiRes/70sArt/art.html （2018 年 3 月確認）

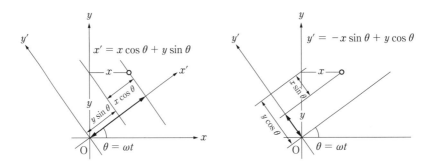

図 8.10 回転する座標系. $(x'-y')$ 系で表された座標を x, y で表す方法.

系 $(x'-y')$ を考える．時刻ゼロで両者は一致していたとしよう．$(x-y)$ 系において，質量 m の質点の位置ベクトル $\boldsymbol{r}$ と，質点に加わる力 $\boldsymbol{F}$ の関係は，当然ながら運動方程式

$$m\frac{d^2\boldsymbol{r}}{dt} = \boldsymbol{F} \tag{8.3}$$

に従う．デカルト座標で書き直すと，

$$m\frac{d^2x}{dt} = F_x, \quad m\frac{d^2y}{dt} = F_y \tag{8.4}$$

である．では，同じ運動を $(x'-y')$ 系で観測したとき，物体にはたらく力と運動はどのように書けるだろうか．まず x', y' を x, y で表す．

$$x' = x\cos\omega t + y\sin\omega t, \quad y' = -x\sin\omega t + y\cos\omega t \tag{8.5}$$

同様に，力 $\boldsymbol{F}$ も，$(x'-y')$ 系で観測すれば，以下のように見えるだろう．

$$F_x' = F_x\cos\omega t + F_y\sin\omega t, \quad F_y' = -F_x\sin\omega t + F_y\cos\omega t \tag{8.6}$$

(8.5)を時間で2回微分して，$(x'-y')$ 系の運動方程式を作ろう．

$$m\frac{d^2x'}{dt^2} = m\left(\frac{d^2x}{dt^2}\cos\omega t + \frac{d^2y}{dt^2}\sin\omega t\right) + 2m\omega\left(-\frac{dx}{dt}\sin\omega t + \frac{dy}{dt}\cos\omega t\right)$$
$$- m\omega^2(x\cos\omega t + y\sin\omega t) \tag{8.7}$$

$$m\frac{d^2y'}{dt^2} = m\left(-\frac{d^2x}{dt^2}\sin\omega t + \frac{d^2y}{dt^2}\cos\omega t\right) - 2m\omega\left(\frac{dx}{dt}\cos\omega t + \frac{dy}{dt}\sin\omega t\right)$$
$$- m\omega^2(-x\sin\omega t + y\cos\omega t) \tag{8.8}$$

ここで式変形を工夫する．x', y' の時間微分はそれぞれ

$$\frac{dx'}{dt} = \frac{dx}{dt}\cos\omega t + \frac{dy}{dt}\sin\omega t - \omega(x\sin\omega t - y\cos\omega t) \tag{8.9}$$

$$\frac{dy'}{dt} = -\frac{dx}{dt}\sin\omega t + \frac{dy}{dt}\cos\omega t - \omega(x\cos\omega t + y\sin\omega t) \tag{8.10}$$

であるが，これらを以下のように変形して(8.8)，(8.7)に代入する．

$$\frac{dx}{dt}\cos\omega t + \frac{dy}{dt}\sin\omega t = \frac{dx'}{dt} - \omega(-x\sin\omega t + y\cos\omega t) \tag{8.11}$$

$$-\frac{dx}{dt}\sin\omega t + \frac{dy}{dt}\cos\omega t = \frac{dy'}{dt} + \omega(x\cos\omega t + y\sin\omega t) \tag{8.12}$$

すると，以下の形を得る．

$$m\frac{d^2x'}{dt^2} = m\left(\frac{d^2x}{dt^2}\cos\omega t + \frac{d^2y}{dt^2}\sin\omega t\right) + 2m\omega\frac{dy'}{dt} + m\omega^2(x\cos\omega t + y\sin\omega t) \tag{8.13}$$

$$m\frac{d^2y'}{dt^2} = m\left(-\frac{d^2x}{dt^2}\sin\omega t + \frac{d^2y}{dt^2}\cos\omega t\right) - 2m\omega\frac{dx'}{dt} + m\omega^2(-x\sin\omega t + y\cos\omega t) \tag{8.14}$$

よく見れば，第 1 項はそれぞれ $F_x{}'$, $F_y{}'$ の表現になっており，第 3 項の括弧の中はそれぞれ x', y' である．これらを使い，さらに書きなおすと

$$m\frac{d^2x'}{dt^2} = F_x{}' + 2m\omega\frac{dy'}{dt} + m\omega^2 x' \tag{8.15}$$

$$m\frac{d^2y'}{dt^2} = F_y{}' - 2m\omega\frac{dx'}{dt} + m\omega^2 y' \tag{8.16}$$

である．

(8.15)，(8.16) の右辺第 1 項だけを取れば，これは $(x'\text{-}y')$ 系でもニュートンの運動の法則が成り立つことを示す．しかし，実際には，回転する座標系の運動方程式には (8.15)，(8.16) の右辺第 2 項，第 3 項で表される力が現れる．第 2 項は $(x'\text{-}y')$ 系から見て運動する物体にのみ感じられる力で，これが「コリオリ力」$\boldsymbol{F}_\mathrm{C}$ である．そして，第 3 項は回転中心から外へ向かう力で，すでに述べた「遠心力」を表している．

コリオリ力についてもう少し詳しく見ていこう．回転のベクトル表現として**角速度ベクトル**という方法が取られる．これは，回転軸の方向を向き，角速度の大きさをもつベクトル量である．「回転軸の方向」には 2 つの可能性があるが，角速度ベクトルは「回転方向に対して右ねじの方向」と約束する．すなわち，図 8.10 の回転に対応する角速度ベクトルは $+z$ の方向であるから，$(x'\text{-}y')$ 系の慣性系に対する角速度ベクトルは，成分表示すれば $\boldsymbol{\omega} = (0, 0, \omega)$ である．一方，$(x'\text{-}y')$ 系で見た質点の速度ベクトルは $\boldsymbol{v}' = \left(\dfrac{dx'}{dt}, \dfrac{dy'}{dt}, 0\right)$ で，(8.15)，(8.16) の第 2 項はこれらの外積で表されることがわかるだろう．

$$\boldsymbol{F}_\mathrm{C} = \begin{pmatrix} 2m\omega v_y{}' \\ -2m\omega v_x{}' \\ 0 \end{pmatrix} = 2m\begin{pmatrix} v_x{}' \\ v_y{}' \\ 0 \end{pmatrix} \times \begin{pmatrix} 0 \\ 0 \\ \omega \end{pmatrix} = 2m\boldsymbol{v}' \times \boldsymbol{\omega} \tag{8.17}$$

回転する 2 次元座標系内の見かけの速度 $\boldsymbol{v}'$ は $\boldsymbol{\omega}$ に垂直だから，コリオリ力は，「面内かつ $\boldsymbol{v}'$ に垂直な向きで，大きさは v' と ω の積に比例」することがわかる（図 8.11）．なお，$\boldsymbol{F}_\mathrm{C} = 2m\boldsymbol{v}' \times \boldsymbol{\omega}$ という表現は，運動が 3 次元で $\boldsymbol{\omega}$ と $\boldsymbol{v}'$ が垂直でない場合でも通用するが，これ以上の詳しい議論はより高度な教科書にゆずる．

One Point **コリオリ力**

座標系が角速度ベクトル $\boldsymbol{\omega}$ で回転しているとき，運動する質点は以下の「コリオリ力」

を感じる．

$$F_C = 2m\bm{v}' \times \bm{\omega} \tag{8.18}$$

ここで，$\bm{v}'$ は質点の見かけの速度，m は質点の質量である．

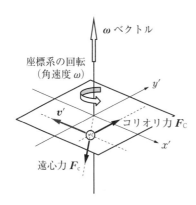

図 8.11 回転する 2 次元デカルト座標 $(x'\text{-}y')$，回転ベクトル $\bm{\omega}$，$(x'\text{-}y')$ 系の見かけの速度 $\bm{v}'$ と遠心力 F_c，コリオリ力 F_C の方向．

8.4 回転運動する非慣性系の例

等速運動する非慣性系に比べ，回転運動する非慣性系の運動の解析は，常に遠心力とコリオリ力を考えなくてはならないため難易度が高い．本節では，比較的易しい 2 つの例を取って，回転する非慣性系の物理の意味をより深く理解する．

例題 8.5 図 8.12 は，水平面内で回転するテーブルの上に置かれた小さなブロックである．ブロックは回転軸から r の位置にあり，テーブルの角速度は ω，ブロックとテーブルの間の静止摩擦係数は μ_s とする．以下の問に答えなさい．
(1) テーブルとブロックの間にはたらく静止摩擦力を求めよ．
(2) テーブルの回転速度を上げていくと，あるところでブロックが滑り出した．このときのテーブルの角速度を求めよ．
(3) 動摩擦力は無視できるとすると，テーブルに乗った人が見たブロックの軌跡は図 8.12 の (a)〜(c) のどれか．コリオリ力を用いて説明せよ．

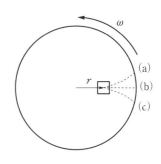

図 8.12

【解答】 (1) $mr\omega^2$ (2) $\omega = \sqrt{\dfrac{\mu_s g}{r}}$ (3) (c)．理由は後述．

【解説】 (1) テーブルの上の座標系では，遠心力と摩擦力がつり合っているためにブロックが静止していると考える．したがって，静止摩擦力の大きさはブロックにかかる遠心力の大きさに一致する．では，この事実を慣性系から見た場合はどう解釈するかというと，ブロックは円運動しており，円運動を維持するための向心力がブロックと床の間の静止摩擦力であると考

える．もちろん，どちらで考えても答えは同じ．

(2) 最大静止摩擦力は $F_{\text{smax}} = \mu_s mg$ で，遠心力がこの値を超えるとブロックは滑り出す．

(3) コリオリ力の向きを考える．ブロックが図右方向に動くとき，$\boldsymbol{v}' \times \boldsymbol{\omega}$ は図の下方向だから，ブロックは下向きに曲がる．この問題は慣性系でも容易に解答できる．摩擦力が無視できるなら，ブロックは円周方向（図上向き）に等速直線運動をする．ところが，回転運動する観察者にとっては半径方向が「横」だから，ブロックは図 8.6 のように，徐々に「後ろ」に遅れていくように見えるのである． ◆

例題 8.6 図 8.13 のように，水平に置かれ，角速度 ω で回転する円形のテーブルがある．天井からボールを，テーブルに触れないように吊るす．回転軸からの距離は a である．ボールの質量を m として以下の問に答えよ．

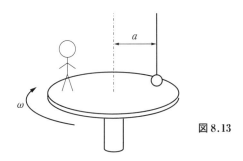

図 8.13

(1) テーブル上の観測者から見たボールの軌跡を図 8.14 に示しなさい．図には，ある瞬間のボールの位置が描かれている．
(2) テーブル上の観測者が見る，ボールが受けている 2 つの力，すなわち遠心力とコリオリ力の大きさを求めよ．また，力ベクトルを図 8.14 のボールの位置にそれぞれ示しなさい．
(3) コリオリ力と遠心力の合力を求め，その意味を説明せよ．

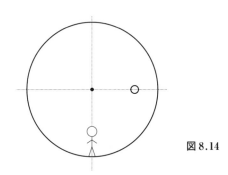

図 8.14

【解答】 (1), (2) 図 8.15
(3) 合力は中心に向かう大きさ $ma\omega^2$ の力．これは，テーブル上の観測者にとっては，ボールが半径 a の円運動をしているように見えることに対応している．すなわち，ボールには「見かけ上」向心力がはたらいている．

【解説】 (1) 問題文に騙されてはいけない．ボールにインクをつけてテーブルに触れるようにしたら，テーブルにはどのような軌跡が描かれるだろうか．ボールは半径 a の円を描いて動いているように見えるのである．

(2) (8.15), (8.16) を使い，慣性力の大きさと方向を計算する．遠心力は半径方向外側へ向かう力で大きさは $F_{\mathrm{c}} = ma\omega^2$，コリオリ力は大きさ $F_{\mathrm{C}} = 2mv'\omega = 2ma\omega^2$ で，遠心力のちょうど2倍の大きさである．向きは $\boldsymbol{v'} \times \boldsymbol{\omega}$ を考えれば，回転の中心に向かう方向である．

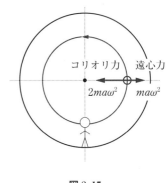

図 8.15

(3) (2) が解ければ合力の大きさと向きは自明だが，この解答が示唆するものは大変興味深い．慣性系ではボールは静止しており，ボールにはたらく力はつり合っている．これを，非慣性系の観測者が見るとボールは運動しているが，慣性力を考えれば，その運動はニュートンの運動の法則に従っているように見えるはずである．

運動の法則によれば，物体が等速円運動するとき，そこには一定の大きさの，回転中心に向かう向心力がはたらいている（第6章）．計算してみると，回転する座標系で生じる2つの慣性力，遠心力とコリオリ力の合力が上手い具合に見かけ上の向心力を作っている．したがって，非慣性系の観測者も，ボールが慣性力を受け，ニュートンの運動の法則に従い運動しているように見えるのである． ◆

章 末 問 題

Q 8.1 図 8.16 のように，水平な床の上に質量 M のブロック大があり，その上に質量 m のブロック小が乗っている．ブロック大とブロック小の間の静止摩擦係数を μ_{s} とする．ブロック大を水平に一定の力で引くとき，以下の問に答えよ．
※本問は Q 3.7 と同じものであるが，ブロック大に固定された座標系を考えて解くこと．

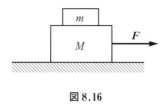

図 8.16

(1) ブロック小がブロック大に対して静止しており，ブロック大は一定の速度 $\boldsymbol{v}_1$ で動いている．ブロック小に作用する摩擦力の大きさを求めよ．

(2) ブロック大を引く力を増していくと，あるところでブロック小が滑り出した．滑り出す直前の状態で，ブロック小に作用するすべての力を図に書き込みなさい．

(3) (2) の状態のとき，ブロック大の加速度を求めよ．

Q 8.2 図 8.17 のようなジェットコースターがある．コースターは高さ $3R$ の地点から静止状態

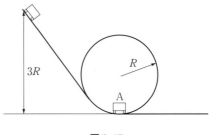

図 8.17

でスタート，円形のループを1回転する．ループ真下のA点で，体重60 kgの人は自分の体重をどれほどに感じるか．

Q 8.3 図8.18のように，角度θの斜面に物体を置く．物体と斜面の間の静止摩擦係数はμ_sである．斜面が静止しているとき，物体は下に滑り落ちるが，斜面をある大きさの加速度で右向きに加速させると物体は斜面上で静止する．物体が静止していられる加速度の範囲を求めよ．

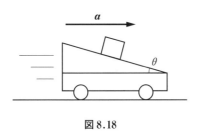

図8.18

Q 8.4 図8.19のように，水平に置かれ，角速度$\frac{\pi}{4}$ rad/sで回転する半径R [m]の円形のテーブルがある．テーブルの外から，中心に向かって水平に速さR [m/s]でボールを投げ入れた．テーブルとボールの間に摩擦はないものとして，以下の問に答えよ．

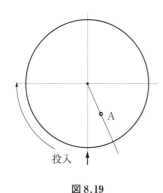

図8.19

(1) ボールがテーブルから落ちるまでの，テーブル上の軌跡を図に書き入れなさい．【ヒント】ボールは必ずA点を通過する．

(2) ボールがA点を通過する瞬間に，ボールに

はたらく遠心力とコリオリ力を図示しなさい．

Q 8.5 地球の自転により，長距離の射撃などではコリオリ力の補正が必要なことが知られている．およその値を求めよう．東京は北緯35°で，この位置において地球の角速度ベクトルと真北方向のベクトルがなす角θは35°である（図8.20）．北向き，水平に撃たれた質量m，（地表を基準とした）速度v'の弾丸は，$2mv'\omega\sin\theta$の大きさのコリオリ力を受ける．弾丸の速度を600 m/s，標的の位置は600 m先にあるとして，弾着点はどちらにどれほど逸れるかを求めよ．

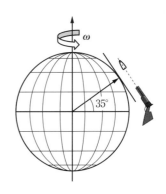

図8.20

Q 8.6 図8.21のように，回転する円形のテーブルの上でキャッチボールをすることを考える．AからBにボールを投げるとき，AはBの右と左のどちらを狙うべきか．

(1) テーブルに乗った人の立場に立ち，どちら

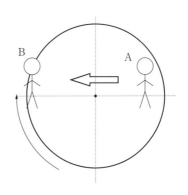

図8.21

を狙うべきか説明せよ．

(2) テーブル外の慣性系の立場に立ち，どちらを狙うべきか説明せよ．

慣性力フローチャート

　本章の冒頭でも述べたように，慣性力は見かけの力であり，慣性系で問題を解く限りは必要のない概念である．それだけに，ある問題が与えられたとき，「慣性力を使うべきかどうか」が悩みどころとなるだろう．そこで，慣性力を考えるべきか，考えるとしたらどのような慣性力を導入したらよいかを判断するフローチャートを用意した（図 8.22）．質問にイエスかノーで答えていけば，どのような慣性力を導入したらよいかがわかる．慣れないうちは活用するとよいだろう．

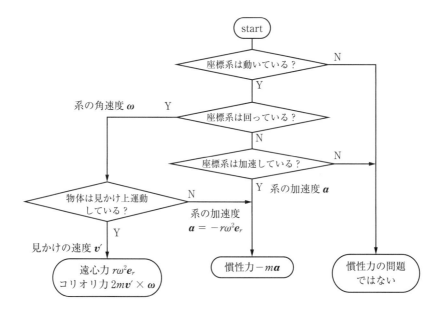

図 8.22　慣性力フローチャート

万有引力と慣性力と一般相対性理論

　ニュートンの生涯最大の業績が「ニュートン力学」の構築であることは疑いない．一方，「万有引力の法則」の発見は，多くの人に知られていて，しかも誤解されているのだが，これはニュートン力学とは本質的に無関係な「力の法則」である．もちろん，これもニュートン力学に匹敵する偉業であることは間違いない．何しろ，天界の法則と地上の法則が同じであることを人類史上初めて見

破ったのだから.

万有引力の法則を式で書くと, $\boldsymbol{F} = -G\frac{m_1 m_2}{r^2}\boldsymbol{e}_r$ である. 初めてこの式を見たとき, 疑問をもった読者がいたら君には物理学者になる素質がある. ニュートン力学において,「質量」とは, 力が加えられたときの「動きにくさ」を表す性質である. これを**慣性質量**とよぼう. 一方, りんごが地球に落ちるような, 万有引力の大きさの指標となる質量は**重力質量**とよばれる. ニュートン力学は, これらが一致していることを要求しない. つまり,「押せば重いが宙に浮かぶ」ような物質の存在をニュートン力学は否定しない. ならば, なぜこれらは等しいのだろうか.

特殊相対性理論を発表したアインシュタインは, 非慣性系でも成り立つ相対性理論を模索していた. 彼は, 第8章の例題のように, 落下するエレベーターの中で, 見かけ上生じた無重力状態について考えていた. 彼一流の「思考実験」である. このエレベーターが, 地球の重力の下で落下しているのか, 本当に無重力状態なのかを知る方法があるだろうか. 前者は重力質量による重力と慣性質量による慣性力がつり合っているので「見かけ上」物体には力がはたらかない. しかし, 重力質量と慣性質量が異なるものなら, この「見かけ上のつり合い」を見破る方法があるはずだ. 一方, あらゆる物理の実験が, 両者に対して同じ結果を返すなら, これらは物理学的に等価なものといってしまってもよいのではないか.

アインシュタインは, 慣性質量と重力質量は「本質的に等価なもの」であることを認めよう, と宣言した. これを**等価原理**とよぶ. そして, 等価原理を基本とした重力の理論を構築した. それ

が**一般相対性理論**である. アインシュタインは, 落下するエレベーターから得たこの着想を「生涯最高の思いつき」と語ったそうである. 一般相対性理論では, 質量が他の質量に引力を及ぼすのは, 空間(慣性系)が質量によって歪むからである, と考える. その考え方によれば, 加速度系で感じられる慣性力と, 質量から感じられる重力に本質的な違いがなくなり, 万有引力が質量に比例する理由が説明できる.

一般相対性理論が描き出す時空の成り立ちは特殊相対性理論にも増して奇妙なもので, 重力が時間の進み方を遅らせ, 光の進路を曲げることを導く. またブラックホールや重力波など, それ以前の物理学では想像もつかなかった現象を予言する. しかし, 一般相対性理論で予言される現象は観測が困難で, 実験の精度は未だに低く, 一般相対性理論の検証は現在でも物理学者の興味の1つである.

一方で, 次のような有名なエピソードがある. カーナビやスマートフォンに搭載されているGPS(Global Positioning System)は, 人工衛星から発せられた電波を受信して位置を計測する技術であるが, 高精度な位置決めのために衛星は極めて正確な原子時計を内蔵している. ところが, この時計が地上に比べ1日当り $39\,\mu$s も進むのだという. 電波は $1\,\mu$s で300mも進むため, これは極めて大きな影響である. 理由は相対性理論で説明できて, 一般相対性理論の効果で $46\,\mu$s 進み, 特殊相対性理論の効果で $7\,\mu$s 遅れるので, 正味 $39\,\mu$s 進むのだそうだ. そのため, システムは相対性理論の影響を補正して運用されている. すでに, 一般相対性理論は日常的な製品にも応用されているのである.

第 9 章
質点系の運動

ニュートンの運動の法則は，質量 m と座標 r のみを属性にもつ「質点」に対して成り立つものである．したがって，ここまで我々は，物体が質点に近似できると考えて問題を解いてきた．しかし，現実の問題でこういった簡略化が成り立つのはむしろまれで，多くの問題では物体は大きさをもち，姿勢や形を変えながら運動する．本章では「質点系」とよばれる，単一の質点としては扱えない問題について考える．

第一原理に立ち返れば，大きさをもつ物体の運動は物体を無数の質点に分割し，各々の質点が従う運動方程式を解けば解析できる．しかし，この方法は物理的洞察にも乏しく，実用的でもない．形が変わらない物体の運動は，各々の質点の相対位置が変わらないわけだから，物体を代表する1点の座標の運動で記述できる．この，物体の位置を代表する点を物体の「質量中心」とよぶ．

一方で，互いに力を及ぼし合う質点1と2があるとき，運動を記述するには変数 r_1, r_2 の2個が必要となるが，運動を「1つの質点から見たもう1つの質点の運動」と捉えなおすことで，運動を記述する変数を1つに減らせることを示す．2質点からなる系は，力が内力のみ（→ p.62）のとき，その質量中心が慣性の法則に従う．そして，物体の運動は，互いの相対位置 $R = (r_1 - r_2)$ が従う運動方程式で記述できるのである．

9.1 質点系の運動方程式

9.1.1 質量中心

いくつかの質点があるとき，それらの**質量中心**を以下のように定義する．

One Point **質 量 中 心**

質量 $m_1, m_2, \dots$ の質点がそれぞれ位置ベクトル $r_1, r_2, \dots$ にあるとき，系の「質量中心」r_G を以下のように定義する．

$$r_\mathrm{G} \equiv \frac{\sum_i m_i r_i}{\sum_i m_i} \tag{9.1}$$

質量中心は位置ベクトルで，質点系を代表する点である．そして，それは日常的に「重心」とよばれているものと概念的には同じである．ただし，質量中心の定義は，原点がある場所（物体の外にあってもよい）に決められていて，原点から質量中心へ引いた位置ベクトルの形

で示されている点が異なる．具体例で見てみよう．

例題 9.1 図 9.1 のように配置された 2 個の質点がある．系の質量中心を求めよ．

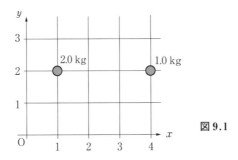

図 9.1

【解答】 $\boldsymbol{r}_\mathrm{G} = (2, 2)$

【解説】 デカルト座標で表されたベクトルは，成分ごとに計算してよいことを思い出す．

$$x_\mathrm{G} \equiv \frac{\sum m_i x_i}{\sum m_i} = \frac{2 \times 1 + 1 \times 4}{3} = 2 \tag{9.2}$$

$$y_\mathrm{G} \equiv \frac{\sum m_i y_i}{\sum m_i} = \frac{2 \times 2 + 1 \times 2}{3} = 2 \tag{9.3}$$

直感的には，質量 M と m の 2 つの質点が軽い棒で結ばれたものの重心は棒のどこかにあって，その位置は棒を $m:M$ に分割するだろう，と考えるが，(9.1) で計算してもやはりその通りになる．多くの場合，物理の法則は直感的理解を裏切らない． ◆

質量が連続的に分布する，大きさをもつ物体を考える．物体が変形しないとき，これを**剛体**とよぶ．剛体の属性は，場所の関数で表される質量密度，$\rho(\boldsymbol{r})$ [kg/m^3] で記述できる（図 9.2）．剛体の運動を知るには，剛体を微小な断片に分け，個々の断片が従う運動方程式を解けばよい．しかし，ここで，個々の断片は自由に運動できず，隣の断片と強固に結合していることに注意しなくてはならない．

剛体の質量中心を知るには，物体を小片に分け，(9.1) を適用すればよい．小片の大きさを限りなく小さくしていくと，総和は積分になる．平板，あるいは立体の質量中心を求める計算は，2 重積分，3 重積分のよい演習問題である．いくつかの例題を解いてみよう．

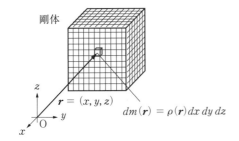

図 9.2 剛体は空間に分布する質量密度で定義される．そしてそれは，無数の質点の集合と捉えられる．

例題 9.2 図 9.3 に示される，一様な密度 ρ，厚さ D の三角形の板の質量中心を求めたい．以下の問に答えよ．

(1) 三角形の，高さ y における横幅 $W(y)$ を求めよ．

(2) (9.3) から，一般に，一様な密度 ρ をもつ連続な物体の質量中心の y 座標，y_G は

$$y_G = \frac{\rho \iiint_V y\, dV}{M} \qquad (9.4)$$

と書ける．ここで M は物体の質量である．図に示されている，高さ y の位置にある細い棒の大きさは幅 $W(y)$，高さ dy である．y_G を求める定積分を示しなさい．

(3) (x_G, y_G) を求めよ．

図 9.3

【解答】 (1) $L - \dfrac{L}{h} y$ (2) $\dfrac{\rho \int_0^h y D W(y)\, dy}{M}$ (3) $(x_G, y_G) = \left(\dfrac{L}{3}, \dfrac{h}{3}\right)$

【解説】 (1) 三角形の横幅 $W(y)$ は $y = 0$ で L，$y = h$ で 0 で，その間は 1 次関数で変化する．一般に，点 (x_0, y_0) を通り，傾き $\dfrac{dy}{dx}$ の 1 次関数は $(y - y_0) = \dfrac{dy}{dx}(x - x_0)$ と書けるから，$(W - L) = -\dfrac{L}{h}(y - 0)$ が成立．

(2) 厚さが D，高さが dy，幅が $W(y)$ で表せる立体の体積 $\iiint dV$ は $\int D W(y)\, dy$ と書ける．

(3) (2) の解を (9.4) に代入すれば，

$$y_G = \frac{\rho D \int_0^h y W(y)\, dy}{\frac{1}{2}\rho D L h} = \frac{2}{Lh} \int_0^h y\left(L - \frac{L}{h}y\right) dy = \frac{h}{3}$$

を得る．x_G も同様に考えれば直ちに $\dfrac{L}{3}$ とわかる． ◆

例題 9.3 一様な密度 ρ をもつ高さ h の円錐がある．図 9.4 のように座標を取れば，対称性から質量中心は x 軸上にあることは明らかである．質量中心の x 座標，x_G を求めたい．以下の問に答えよ．

(1) 底面の半径は定義されていないため，これを R とする．図のように円錐を小さな円板に分割したとき，座標 x にある厚さ dx の円板の質量 dm を求めよ．

(2) 例題 9.2 からの類推で，x_G は以下の積分計算で求められることがわかる．x_G を求めよ．ここで M は円錐の質量である．

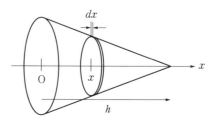

図 9.4

$$x_G = \frac{\int_0^h x\, dm}{M} \tag{9.5}$$

【解答】 (1) $dm = \rho \pi \left\{ R - \frac{R}{h} x \right\}^2 dx$ (2) $x_G = \frac{h}{4}$

【解説】 (1) 位置 x の円板の半径は $R - \frac{R}{h} x$. 円の面積を計算して厚さ dx, 密度 ρ を掛ける.

(2) 高さ h, 底面の半径 R の円錐の体積は $V = \frac{\pi R^2 h}{3}$. (1) の解を (9.5) に代入して積分する.

$$x_G = \frac{1}{M}\int_0^h x\, dm = \frac{3}{\rho \pi R^2 h} \rho \pi \int_0^h x \left(R - \frac{R}{h} x \right)^2 dx = \frac{h}{4}$$

質量中心の位置は円錐の半径によらず,下から測って高さの $\frac{1}{4}$ の位置とわかる.さて,人参のような円錐で近似される物体を,質量中心を通る円で 2 分割するのは公平な分け方だろうか? ◆

9.1.2 質量中心の運動方程式

図 9.5 のように,n 個の質点を 1 つの系とする.質点同士は互いに力を及ぼし合っており,またそれぞれの質点は外部から力を受けているとしよう.質点 i の運動方程式は以下のように書ける.

$$m_i \frac{d^2 \boldsymbol{r}_i}{dt^2} = \boldsymbol{F}_{ei} + \sum_j \boldsymbol{F}_{ij} \tag{9.6}$$

$\boldsymbol{F}_{ei}$ は系外からの力,$\boldsymbol{F}_{ij}$ は内部の質点 j からの力である.これらをすべて足してみる.

$$m_1 \frac{d^2 \boldsymbol{r}_1}{dt^2} + m_2 \frac{d^2 \boldsymbol{r}_2}{dt^2} + \ldots = \boldsymbol{F}_{e1} + \boldsymbol{F}_{e2} + \ldots + \sum_j \boldsymbol{F}_{1j} + \sum_j \boldsymbol{F}_{2j} + \ldots \tag{9.7}$$

上述の総和で,特定の i, j のペアに対して $\boldsymbol{F}_{ij}$ と $\boldsymbol{F}_{ji}$ が 1 回だけ登場する.作用 – 反作用の法則があるから,$\boldsymbol{F}_{ij} = -\boldsymbol{F}_{ji}$ で,これらはすべて打ち消し合ってゼロになる.すると,我々は以下の運動方程式を得る.

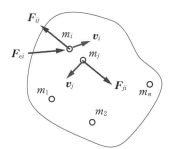

図 9.5 閉じた系にある複数の質点と内力 $\boldsymbol{F}_{ij}$, 外力 $\boldsymbol{F}_{ei}$

$$\sum_i m_i \frac{d^2 \boldsymbol{r}_i}{dt^2} = \sum_i \boldsymbol{F}_{ei} \tag{9.8}$$

右辺は，系に加えられる外力の合力ベクトルである．これを正味の外力 $\boldsymbol{F}_e$ としよう．ここで，質量中心の定義，(9.1)の両辺に系の全質量 $M = \sum_i m_i$ を掛け，時間で2回微分する．

$$M \frac{d^2 \boldsymbol{r}_G}{dt^2} = \sum_i m_i \frac{d^2 \boldsymbol{r}_i}{dt^2} \tag{9.9}$$

結果は(9.8)の左辺と一致する．すなわち，我々は質量中心の運動について以下の重要な定理を得た．

> ***One Point*** **質量中心の運動方程式**
> 　複数の質点からなる系の質量中心 $\boldsymbol{r}_G$ と，系に加えられる正味の外力 $\boldsymbol{F}_e$ の間に，以下の運動方程式が成立する．
> $$M \frac{d^2 \boldsymbol{r}_G}{dt^2} = \boldsymbol{F}_e \tag{9.10}$$
> ここで，M は系の全質量である．

　この定理の意味するところは，「**剛体の運動を考えるときは，全質量が質量中心に集まった質点と考えて差し支えない**」ということである．つまり，我々が第2章からここまで暗黙のうちに正しいとしてきた近似が，厳密に正しいことが示されたわけである．

　ただし，剛体に複数の外力が加わるとき，合力が同じなら運動が必ず同じになるわけではない点に注意しよう．図9.6は，矩形の剛体に大きさが等しく逆向きの2つの外力が加わっている様子である．物理の法則を知らなくても，(a)の場合は剛体は回転せず，(b)の場合には回転することが想像できる．どちらの場合も質量中心は運動しないから，(9.10)の定理には違

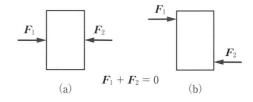

図 9.6 　大きさをもった物体に合力がゼロとなる2力を加える．

反しない．しかし，これらを区別する必要があるのは明らかだ．剛体の運動は，「質量中心の運動」に加え，「物体の姿勢変化」，すなわち回転を議論する必要がある．剛体の回転運動については，この後第10章，第11章で論じる．

9.1.3 　質量中心と運動量保存則

　我々は第5章で，外力を受けない系の運動量保存則を導いた（→5.3節，p.62）．

$$\frac{d}{dt} \sum_i \boldsymbol{p}_i = 0 \tag{9.11}$$

一方，質量中心の定義式に系の全質量 M を掛け，時間で微分する．

$$M\boldsymbol{r}_G = \sum_i m_i \boldsymbol{r}_i$$

$$\frac{d}{dt}M\boldsymbol{r}_G = \frac{d}{dt}\sum_i m_i \boldsymbol{r}_i \tag{9.12}$$

総和と時間微分は順番を入れかえることができるから，これを以下のように変形する．

$$M\frac{d}{dt}\boldsymbol{r}_G = M\boldsymbol{v}_G = \sum_i \frac{d}{dt}m_i\boldsymbol{r}_i = \sum_i \boldsymbol{p}_i \tag{9.13}$$

(9.13)は，「系の全運動量は，系の全質量に質量中心の速度を掛けたものでおきかえられる」ことを意味する．すると，質量中心に対して以下のような運動量保存則が成立することがわかる．

One Point　質量中心と運動量保存則

複数の質点からなる系の**質量中心の運動量** $\boldsymbol{p}_G$ を，質量中心の速度ベクトルに系の全質量を掛けた量とする．

$$\boldsymbol{p}_G \equiv M\boldsymbol{v}_G \tag{9.14}$$

このとき，質量中心の運動量は，外力を受けない限り変化しない．

$$\frac{d}{dt}\boldsymbol{p}_G = \boldsymbol{0} \tag{9.15}$$

上の定理は，宇宙空間での運動にいくつかの重要な示唆を与える．以下の問題を考えてみよう．

例題 9.4　君はパートナーと宇宙遊泳をしているとき，事故にあって宇宙船から離れてしまった（図 9.7）．スピードはゆっくりだが，確実に宇宙船は遠くなって行く．パートナーに呼びかけても返事がない．とりあえず，命綱をたぐって彼を抱きとめることには成功した．さて，この後，君は助かるために何をするべきか．

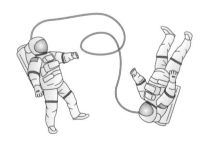

図 9.7

【解答】　パートナーを「宇宙船と反対の方向へ」蹴り飛ばす．

【解説】　宇宙空間では，地上で当たり前のことが全く不可能，ということがいくつかある．その 1 つが，自分の行きたい方向に進むということだ．自分が運動を変えるためには，何か他のものと運動量を交換する必要があるが，地上と違って宇宙にはその「何か」がない．問に示された状況で，素早く大事なパートナーを宇宙の彼方に蹴りだす決断ができるかどうかが，アストロノーツに必要な資質なのだ．後は，宇宙船に取りついてからゆっくり彼を引っ張って回収

すればよい. ◆

　同じ考え方は，宇宙ロケットの推進にも当てはまる．宇宙空間で静止しているロケットが前に進むためには，自らの質量の一部を後ろに投げ，その反動で前に進む必要がある．これをロケットの**推進剤**とよぶ．ロケットエンジンの本質は，何かを「燃やす」ことではなく，運動量をもった物体（ガス）を作り，それを後方に噴射することにある．積み込む推進剤は有限だから，ロケットが最終的に到達できる速度には上限がある．また，運動量は質量と速度の積だから，限られた推進剤をなるべく大きな速度で噴射したほうが有利なことも想像できる．こういったことを体系化した学問が**ロケット工学**である．

　また，運動量保存則からいえる興味深いことは，どれだけロケットが前に進んでも，推進剤を含めた全質量の質量中心は1ミリも前に進んでいない，ということである．宇宙空間での自由自在な運動が如何に困難なものかがわかるだろう．SFアニメで見かけるような，宇宙空間を縦横無尽に駆け回る運動は，少なくとも現在知られている物理法則からは説明不能としかいいようがない．

例題 9.5　「ツィオルコフスキー[†26]の**ロケット方程式**」を導出する（図 9.8）．運動は1次元で，ロケットは重力のない真空にあり，自分自身に対して速度 $-u$ ($u > 0$) で燃焼ガスを後方に噴射しながらその反動で進むものとする．ロケットは時刻ゼロで速度ゼロ，質量 m_0 で，噴射に伴い質量は $m(t)$ で表される関数に従って変化する．以下の問に答えなさい．

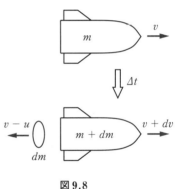

図 9.8

(1)　時刻 t で速度 v，質量 m のロケットが，dt の間に $-\dfrac{dm}{dt} dt$ の質量を後方に噴射して，速度が $v + dv$ に増加した．時刻 t と $t + dt$ の変化で成り立つ運動量保存則を示しなさい．

(2)　微小量同士の積は無視し，(1)の解を $dv =$ の形になおしなさい．

(3)　(2)の解は，$v(m)$ を解とする微分方程式である．両辺をそれぞれ積分し，$v(m)$ を求めなさい．

【解答】　(1)　$mv = (m + dm)(v + dv) - dm(v - u)$　　(2)　$dv = -\dfrac{u\,dm}{m}$

(3)　$v = u \ln\left(\dfrac{m_0}{m}\right)$

【解説】　(1)　$\dfrac{dm}{dt} dt$ を dm におきかえる．ロケットの質量は減少しているので，dm は負の値

[†26]　19世紀ロシア〜20世紀ソヴィエトの科学者，SF作家．ロケット工学の始祖．

となる．

(2) 展開し，$dv\,dm = 0$とおく．

(3) $dv = -\dfrac{u\,dm}{m}$ を変数分離法で積分すると，$v = -u\ln m + C$（Cは任意の定数）を得る．$t = 0$ で $v = 0$, $m = m_0$ を代入すると $C = u\ln m_0$ が定まり，解を得る． ◆

ツィオルコフスキーが1897年に導出したこの式が，「人類は宇宙へ行けるのか？」「行けるとしたらどのようにすればよいのか？」という漠然とした疑問に具体的な解を与えた．

ロケットの，機体と推進剤（燃料）を足した質量を m_0, 機体の質量を m とすると，静止状態のロケットが燃料を使い切ったときに得る速度が求められる．酸素－水素系エンジンの噴射速度 u はおよそ 4 km/s，第1宇宙速度は 7.9 km/s である．ここから，第1宇宙速度を出すために必要な m_0/m は 7.2 となる．これはどういうことかというと，人工衛星を打ち上げるロケットは，全質量の約 6/7 を後ろに噴射しないと宇宙へは行けない，ということなのだ．なぜ，現代になっても宇宙が遥かに遠いかは，この計算結果から明らかである．我々は深い重力の井戸の底に住んでいるのだ．

9.2　2質点系の運動

地球と月のように，2つの物体が互いに力を及ぼし合い，外力が無視できるような運動がある．この場合，興味がもたれるのは2つの物体の（慣性系から見た）絶対的位置ではなく，むしろ，片方の物体から見たもう片方の物体の位置である．この場合，運動を記述する変数は，互いの相対位置ベクトル $\boldsymbol{R}$ のみでよい．では，$\boldsymbol{R}$ が従う運動方程式はどのようなものになるだろうか．

9.2.1　相対位置，換算質量

図9.9のように，2個の質点1, 2があり，それぞれの質量を m_1, m_2, 位置ベクトルを $\boldsymbol{r}_1, \boldsymbol{r}_2$ とする．質点1,2は互いに力を及ぼし合うが，外力はない．このような問題を**2体問題**とよぶ．

2体問題の運動を解析しよう．質点1が質点2から受ける力を $\boldsymbol{F}_{12}$, 質点2が質点1から受ける力を $\boldsymbol{F}_{21}$ とする．すると，質点1, 2の運動方程式は直ちに以下のように書ける．

$$m_1 \frac{d^2\boldsymbol{r}_1}{dt^2} = \boldsymbol{F}_{12} \qquad (9.16)$$

$$m_2 \frac{d^2\boldsymbol{r}_2}{dt^2} = \boldsymbol{F}_{21} \qquad (9.17)$$

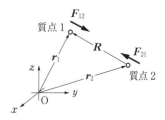

図9.9 互いに力を及ぼし合う2質点

ここで，r_2 から見た r_1 の位置，すなわちベクトル $r_1 - r_2$ を R としよう．R を時間で2回微分すれば $\dfrac{d^2 r_1}{dt^2} - \dfrac{d^2 r_2}{dt^2}$ だから，ここに (9.16)，(9.17) を代入すれば

$$\frac{d^2 R}{dt^2} = \frac{F_{12}}{m_1} - \frac{F_{21}}{m_2} \tag{9.18}$$

となる．一方，内力 F_{12} と F_{21} の間には以下の関係が成り立つ．

One Point　2体問題における内力の性質

(1)　作用-反作用の法則から，$F_{12} = -F_{21}$ である．

(2)　力は吸引力または反発力だから，ベクトルの向きは R 方向である．また多くの場合，質点1，2が及ぼし合う力の大きさは，互いの距離にのみ依存する．したがって，これを $F_{12} = F(r) e_R$ と書く．

すると，我々は R が従う**相対運動の運動方程式**を以下のように得る．

One Point　相対運動の運動方程式

$$\frac{m_1 m_2}{m_1 + m_2} \frac{d^2 R}{dt^2} = F(r) e_R \tag{9.19}$$

$$\mu \frac{d^2 R}{dt^2} = F(r) e_R \tag{9.20}$$

ここで，$\mu = \dfrac{m_1 m_2}{m_1 + m_2}$ は**換算質量**とよばれる量で，質量の次元をもつ．

9.2.2　惑星の運動

　2体問題の代表は，互いに万有引力を及ぼし合う2個の天体の相対運動である．2個の天体 1, 2 があり，それぞれの質量を m_1, m_2 とする．$m_1 \ll m_2$ のとき，天体2は慣性系に対して静止していると見なせる．このとき，天体1は天体2の周りを楕円軌道を描いて回ること，軌道の性質が「ケプラーの法則」で述べられることは第6章で述べた．

　一方，$m_1 \ll m_2$ の近似が成り立たないとき，2個の天体の動きは複雑であるが，これらの相対運動を考えれば，それは天体1の質量を換算質量に変えた場合のケプラーの法則で与えられることが示される．以下の問題を考えよう．

例題 9.6　互いに万有引力を及ぼし合い，3次元空間で運動する天体 1, 2 がある．それぞれの質量を m_1, m_2，位置を r_1, r_2 とする．天体2から見た天体1の位置を R とする．下の問に答えなさい．万有引力定数を G とする．

(1)　r_1, r_2 の運動方程式をそれぞれ書きなさい．

(2)　(1) の結果を用い，R が従う運動方程式を求めなさい．

(3)　天体2から見て，天体1は半径 R の円軌道を運動しているとする．天体1の公転周期を

【解答】 (1) $m_1 \dfrac{d^2 \boldsymbol{r}_1}{dt^2} = -G\dfrac{m_1 m_2}{R^2}\boldsymbol{e}_R$, $m_2 \dfrac{d^2 \boldsymbol{r}_2}{dt^2} = G\dfrac{m_1 m_2}{R^2}\boldsymbol{e}_R$.

(2) $\mu \dfrac{d^2 \boldsymbol{R}}{dt^2} = -G\dfrac{m_1 m_2}{R^2}\boldsymbol{e}_R$. ただし $\mu = \dfrac{m_1 m_2}{m_1 + m_2}$.

(3) $T = \sqrt{\dfrac{4\pi^2 R^3}{G(m_1 + m_2)}}$

【解説】 (1) $\boldsymbol{F}_{12}$ と $\boldsymbol{F}_{21}$ の符号に注意．$\boldsymbol{R}$ 方向の単位ベクトルを $\boldsymbol{e}_R$ とすれば，天体 1 にはたらく万有引力は $-\boldsymbol{e}_R$ の方向である．

(2) (9.18) と同様の変形を行う．$\dfrac{d^2 \boldsymbol{r}_1}{dt^2} - \dfrac{d^2 \boldsymbol{r}_2}{dt^2} = -\left(\dfrac{1}{m_1} + \dfrac{1}{m_2}\right)G\dfrac{m_1 m_2}{R^2}\boldsymbol{e}_R$.

(3) 天体 2 から見た天体 1 の運動はニュートンの運動方程式を満足するから，円運動の向心力の公式，$F_R = \mu R \omega^2$ を使ってよい．(2) の結果を使って $\omega = \sqrt{\dfrac{G m_1 m_2}{\mu R^3}}$ で，$T = \dfrac{2\pi}{\omega} = \sqrt{\dfrac{4\pi^2 R^3}{G(m_1 + m_2)}}$. ◆

例題 9.6(3) の結果から，例えば地球を回る月の周期は，正確にはケプラーの法則に地球と月の質量の和を代入した値に一致する．$m_1 \ll m_2$ のとき，周期は $\sqrt{\dfrac{4\pi^2 R^3}{G m_2}}$ に近似できて，p.83 と同じ結果となる．

9.2.3 ばねに取りつけられた 2 質点

摩擦のない水平面に置かれ，ばねの両端に取りつけられた 2 質点の水平面内の運動について考える．鉛直方向の力はつり合っているから外力は無視できて，これも 2 体問題の一種と捉えられる．ただし，本項の例では，質点 1, 2 の慣性系を基準にした運動も興味の対象である．この場合は，質点 1, 2 の運動方程式を個別に解くことも 1 つの選択肢だが，「外力がないとき，質量中心は等速直線運動する」性質を利用して，相対運動と質量中心の運動を別々に計算，後で加える考え方が賢い選択である．具体例を以下の問題で考える．

例題 9.7 図 9.10 のように，ばね定数 k，長さ l のばねの両端に質量 m のおもり 1, おもり 2 をつける．図 9.10 のように x 軸を取り，運動は 1 次元とする．初め，おもり 1 は原点，おもり 2 は $x = l$ の位置にいる．ここに，左から質量 m のおもりを速度 v で衝突させた．衝突は弾性衝突であった．以下の問に答えよ．

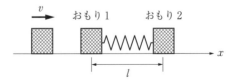

図 9.10 ばねでつながれた 2 個のおもりに第 3 のおもりを衝突させる．

126   9. 質点系の運動

(1) 衝突後のおもり1,2を閉じた系とする．系の質量中心の運動を決定せよ．

(2) おもり2から見たおもり1の相対運動を決定せよ．

(3) おもり1，おもり2それぞれの運動を決定せよ．

【解答】 (1) $x_G(t) = \dfrac{v}{2}t + \dfrac{l}{2}$ (2) $R(t) = -\dfrac{v}{\omega}\sin(\omega t) + l$ $\left(\omega = \sqrt{\dfrac{2k}{m}}\right)$

(3) おもり1：$x_1(t) = \dfrac{v}{2\omega}\sin(\omega t) + \dfrac{v}{2}t$ $\left(\omega = \sqrt{\dfrac{2k}{m}}\right)$

   おもり2：$x_2(t) = -\dfrac{v}{2\omega}\sin(\omega t) + l + \dfrac{v}{2}t$ $\left(\omega = \sqrt{\dfrac{2k}{m}}\right)$

【解説】 一見大変複雑な問題だが，運動を「おもりの相対運動」と「質量中心の運動」に分け，それぞれを決定してから合成すれば容易に解ける．

(1) 質量中心の運動は，時刻ゼロで与えられた撃力による等速直線運動である．速度交換の法則（→5.4.3項，p.67）から，おもり1は速度vで動き出し，左からやってきたおもりは静止する．したがって，系に与えられた力積は$I = mv$である．時刻ゼロのとき，質量中心の座標は$x_G = \dfrac{l}{2}$，力積 - 運動量定理から$t > 0$においてx_Gの速度は$v_G = \dfrac{v}{2}$である．

(2) 求めるべきは，$R \equiv x_1 - x_2$の時間変化である．換算質量は$\mu = \dfrac{m}{2}$，力は$\boldsymbol{F} = k(l - R)\boldsymbol{e}_R$である．ここで注意すべきは，ばねの変位は$(R - l)$と書けることと，力の方向である．$\boldsymbol{R}$方向の単位ベクトル$\boldsymbol{e}_R$は，<u>$-x$方向</u>である点に注意．頭の中でおもり1を左に動かしてばねを伸ばし，$R > l$のとき力の方向が正（$-\boldsymbol{e}_R$）であることを確認する．

　運動方程式は$\mu\dfrac{d^2R}{dt^2} = k(l - R)$で，これは非斉次線形の2階微分方程式である．斉次形は$\dfrac{d^2R}{dt^2} = -\dfrac{k}{\mu}R$で，これは第6章で学んだ単振動の運動方程式である．解は暗記するように，と教えた．

$$R(t) = A\cos(\omega t) + B\sin(\omega t) \quad \left(A, B は任意の定数，\omega = \sqrt{\dfrac{2k}{m}}\right) \quad (9.21)$$

非斉次形の特殊解も，非斉次項が定数なら簡単だ．$\mu\dfrac{d^2R}{dt^2} = k(l - R)$を満たす定数を試す．定数は微分すればゼロだから，$k(l - R) = 0$から$R = l$を得る．したがって，運動方程式の一般解は

$$R(t) = A\cos(\omega t) + B\sin(\omega t) + l \quad \left(A, B は任意の定数，\omega = \sqrt{\dfrac{2k}{m}}\right)$$

$$(9.22)$$

である．

　続いて，初期条件を代入，定数A, Bを決定しよう．初期条件は時刻ゼロで$R = l$，$\dfrac{dR}{dt} = -v$である．$\dfrac{dR}{dt}$がなぜこう与えられるかというと，時刻ゼロでおもり2は静止して

おり，おもり 1 のみが撃力を受け $+x$ 方向に速度 v で運動を始めるためである．結局，運動は以下のように決定される．

$$R(t) = -\frac{v}{\omega}\sin(\omega t) + l \quad \left(\omega = \sqrt{\frac{2k}{m}}\right) \tag{9.23}$$

(3) おもり 1 の位置は $x_G - \dfrac{R}{2}$，おもり 2 の位置は $x_G + \dfrac{R}{2}$ なのでそれぞれ計算する．

これをグラフに描いたものが図 9.11 である．興味深いことに，おもりは交互に一瞬停止しては動き出すという，尺取り虫のような運動をすることがわかる．おもりが一瞬静止すること，速度が決してマイナスにならないことは，例題 9.7(3) の解を微分すれば明らかである．ついでに，運動量の保存も確認しよう．

$$\text{おもり 1}: v_1(t) = \frac{v}{2}\{\cos(\omega t) + 1\} = v\cos^2\left(\frac{\omega t}{2}\right)$$

$$\text{おもり 2}: v_2(t) = \frac{v}{2}\{1 - \sin(\omega t)\} = v\sin^2\left(\frac{\omega t}{2}\right)$$

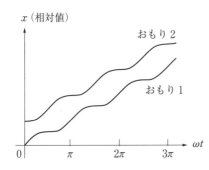

図 9.11　おもりの位置の時間変化

◆

章　末　問　題

Q 9.1　図 9.12 のような形の，一様で薄い板の質量中心の座標を計算せよ．

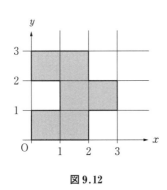

図 9.12

Q 9.2　多粒子系の質量中心について成り立つ定理を，実際の問題で確認する．図 9.13 のように，質量 1.0 kg の 4 個の質点が配置されているとき，以下の問に答えよ．

(1)　質量中心の座標を求めよ．

(2)　時刻ゼロから，質点 A に $(4,0)$ [N] の一定

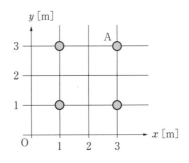

図 9.13

の外力を加え続ける．質量中心の座標を時間の関数で求めよ．

(3) 質量中心の運動が，$F_e = M\dfrac{d^2 r_G}{dt^2}$ の解であることを示しなさい．

Q 9.3 図 9.14 のように，長さ l，質量 M の一様な板の上の一端に，質量 m の人が乗って水に浮いている．人が，板の反対側まで移動したとき，板は水の上をどれほど移動するか．水の抵抗は無視して x を求めよ．

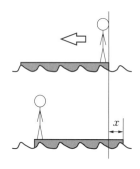

図 9.14

Q 9.4 走り高跳びの「背面跳び」は，選手の質量中心がバーの下を通りつつクリアする魔法のような技である．選手を，図 9.15 のように 3 個の質点と，それらを結ぶ軽い棒からなる物体で近似する．2 本の棒は，中央の質点を中心に自由に動くとして，最も効率よく飛んだときに質量中心はバーのどれほど下を通るか求めなさい．

Q 9.5 図 9.16 のように，水平で摩擦のない床の上に質量 m_1 のおもり 1 と質量 m_2 のおもり 2 が自然長 l，ばね定数 k のばねでつながれており，x 軸上を運動する．以下の問に答えよ．

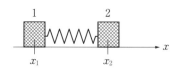

図 9.16

(1) おもり 1 から見たおもり 2 の相対運動，$x_2 - x_1 = X$ の運動方程式を立てなさい．換算質量を使い解答すること．

(2) 初め，おもり 1 は原点，おもり 2 は $x = l$ にあった．おもり 1 を動かないよう押さえ，おもり 2 を自然長から $\dfrac{l}{2}$ 伸ばし，時刻ゼロでおもり 1, 2 から同時に手を離す．$X(t)$ を決定せよ．

(3) $x_1(t)$, $x_2(t)$ を決定せよ．

Q 9.6 万有引力定数，地上の重力加速度，地球の半径から，地球の質量は $m_e = 5.972 \times 10^{24}$ kg と求められる．一方，地球と月の中心間距離は 3.844×10^8 m，月の公転周期は 27.32 日である．これらのデータから月の質量 m_m を推計せよ．万有引力定数に 6.674×10^{-11} Nm^2/kg^2 を用いよ．

図 9.15 写真提供：ピクスタ

第10章
角運動量とトルク

第9章では，剛体の運動は外力に対する質量中心の運動方程式で記述できることを明らかにした．しかし，第9章の議論では，物体の姿勢が変わる運動についての議論が抜け落ちている．例えば，剛体の2箇所に，大きさが同じで反対向きの力を加える．力の作用線（→ p.22）が一致するとき，物体は静止したままだが，作用線が一致しないとき，物体は質量中心を軸に回転を始める（→ p.120, 図9.6）．

このような運動を解析するのに便利なのが，「角運動量」と「トルク」（力のモーメント）という概念である．本章の議論の結果，運動量保存則と同等の「角運動量保存則」が導かれる．角運動量保存則は，あらゆる運動において，運動量保存則と同時に満たされなくてはいけない法則で，ある特定の問題においては運動量保存則を使うより便利な概念である．また，「剛体が静止する条件」は，剛体にはたらく合力だけでなく，トルクの合計も同時にゼロでなくてはならないことが理解されるだろう．

10.1 角運動量とトルク

10.1.1 角運動量

以下のように，**角運動量**という物理量を定義する．

> *One Point* 角運動量
>
> 質点の位置ベクトル r と運動量ベクトル p の外積 L を，質点の角運動量と定義する（図10.1）．
>
> $$L \equiv r \times p \tag{10.1}$$
>
>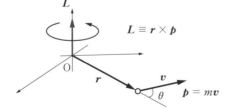
>
> **図 10.1** 運動する質点と，質点の角運動量の定義

SIでは角運動量の単位は $[\mathrm{kg m^2/s}]$ である．角運動量は，座標系があり運動する質点があれば，必ず定義できる物理量である．定義から，角運動量は質点の位置ベクトルと運動量ベ

クトルからなる面に垂直なベクトル量である．したがって，その向きと大きさは，原点をどこに取るかで変わることに注意する．角運動量の計算には外積が必要なので，ここでいくつか復習しよう．

例題 10.1 位置ベクトル $\bm{r} = (1, 1, -1)\,[\mathrm{m}]$ にあり，質量 $2\,\mathrm{kg}$，速度ベクトル $\bm{v} = (-2, 0, 1)\,[\mathrm{m/s}]$ をもつ質点がある．質点の角運動量ベクトル $\bm{L}$ を求めよ．

【解答】 $(2, 2, 4)\,[\mathrm{kgm^2/s}]$

【解説】 $\bm{L} = \bm{r} \times \bm{p} = \begin{vmatrix} \bm{i} & \bm{j} & \bm{k} \\ 1 & 1 & -1 \\ -4 & 0 & 2 \end{vmatrix} = (2, 2, 4)$ ◆

例題 10.2 ケプラーの法則のいう「面積速度」は，図 10.2 のように恒星を原点とした惑星の位置ベクトル $\bm{r}$ が単位時間に掃く面積，すなわち $\dfrac{dS}{dt}$ である．これが $\dfrac{L}{2m}$ であることを示せ．

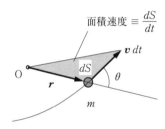

図 10.2 面積速度の定義

【解答】 三角形の面積の公式から $dS = \dfrac{1}{2} r v\, dt \sin\theta$ である．一方，$rv \sin\theta$ は外積 $\bm{r} \times \bm{v}$ の大きさである．したがって，$\dfrac{dS}{dt} = \dfrac{1}{2} |\bm{r} \times \bm{v}|$ と書けて，両辺に m を掛ければ $m\dfrac{dS}{dt} = \dfrac{1}{2} L$ を得る．

【解説】 ケプラーの第 2 法則は，「面積速度は一定」であった．これは，「惑星の角運動量の大きさは不変」といっていることと等価である． ◆

10.1.2 トルク

以下のように，**トルク**という物理量を定義する．

> **One Point　トルク**
>
> 質点の位置ベクトル $\bm{r}$ と質点に加わる力 $\bm{F}$ の外積 $\bm{N}$ を，トルク（力のモーメント）と定義する（図 10.3）．
> $$\bm{N} \equiv \bm{r} \times \bm{F} \tag{10.2}$$

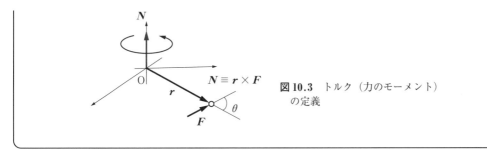

図 10.3 トルク（力のモーメント）の定義

なお，日本では多くの教科書で，物理量 N を**力のモーメント**とよんでいる．本書では以降「トルク」で統一するが，「力のモーメント」というよび方も覚えておいて欲しい．SI ではトルクの単位は [Nm] で，基本単位で組み立てれば [kgm^2/s^2] となり，角運動量を時間で割ったものに等しい．

ここで，多くの読者がもつであろう 1 つの疑問に答えておく．第 1 章で，ベクトル量は平行移動しても意味が変わらないと述べた．しかし，図 10.4 のように，力ベクトルを平行移動するとトルクが変化する．これをどのように理解したらよいのだろうか．

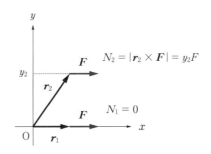

図 10.4 力ベクトル F の平行移動とトルクの変化

「ベクトルが平行移動可能」という原則は，トルクを定義した今でも変わっていない．ただし，これは，公式が力ベクトルのみを問題にしている場合に限られる．実際，第 9 章で述べた，剛体に複数の力がはたらく場合の質量中心の運動方程式は，力を物体のどこに加えても成立する．

剛体に反対向きで同じ大きさの 2 力がはたらく図 10.5 のような問題を考えよう．(a) は，2 力は同一線上にあるが，(b) は同一線上にはない．(a) の場合に物体が動かないことは自明だが，(b) の場合はどうなるか．この場合も，確かに質量中心は運動しないが，剛体は質量中心を軸として回転を始める．そのため，剛体に力を加える場合は，安易に力点の位置を変えることはできない．このように，剛体の運動は，剛体にはたらく力の合力だけでは記述できないことは明らかである．このような場合に (a) と (b) を区別するのが，力点を位置ベクトルで記述する「トルク」の概念なのである．

しかし，第 2 章から第 8 章まで，我々は力のつり合いや運動方程式を求める際に，このような配慮もなく物体にはたらく力の力点をずらしてきた．これがなぜ正当化さ

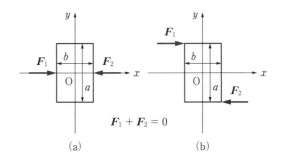

図 10.5 矩形の剛体に，2 力 F_1, F_2 を加える．どちらも質量中心は運動しないが，違いは明らかである．

れるかというと，第8章までの議論は暗黙のうちに，「剛体は回転しない」としてきたためである[†27]．結果として剛体が回転しないなら，複数の力がはたらいたときの正味のトルクがゼロであることが保証される．もちろん，そういった近似が可能かどうかの判断は，第8章までは著者に委ねられてきた．しかし，これからは読者が自ら考えるべきなのである．

例題 10.3 図 10.5(b)において，矩形の物体にはたらく正味の力，正味のトルクを求めよ．

【解答】 正味の力はゼロ．正味のトルクは大きさ aF_1 で，$-z$ 方向のベクトル．

【解説】 正味の力がゼロなのは自明．これがわからなかった人は第1章を読み返すこと．F_1，F_2 のトルクはどちらも紙面表から裏の方向で，大きさは図 10.4 を参照すればどちらも $\dfrac{aF_1}{2}$ とわかる．3次元空間デカルト座標における x, y, z の関係は $\boldsymbol{i} \times \boldsymbol{j} = \boldsymbol{k}$ と決められており，z 軸は紙面裏から表の方向である．これを **右手系** とよぶ． ◆

10.2 角運動量保存則

10.2.1 角運動量と運動方程式

質点の運動量についての運動方程式（→ p.61，(5.4)）に，(10.1)，(10.2)と同様，左から位置ベクトルを掛ける．

$$\boldsymbol{r} \times \frac{d\boldsymbol{p}}{dt} = \boldsymbol{r} \times \boldsymbol{F}$$
$$= \boldsymbol{N} \tag{10.3}$$

積の微分の公式を適用して，$\boldsymbol{L} = \boldsymbol{r} \times \boldsymbol{p}$ を時間で微分すると以下の関係を得る．

$$\frac{d\boldsymbol{L}}{dt} = \frac{d}{dt}(\boldsymbol{r} \times \boldsymbol{p})$$
$$= \frac{d\boldsymbol{r}}{dt} \times \boldsymbol{p} + \boldsymbol{r} \times \frac{d\boldsymbol{p}}{dt}$$
$$= \boldsymbol{r} \times \frac{d\boldsymbol{p}}{dt} \tag{10.4}$$

ここで，$\boldsymbol{v}$ と $\boldsymbol{p}$ は同じ方向のベクトルなので，外積がゼロであるという性質を使っている．これを(10.3)に代入すれば，以下の **角運動量の運動方程式** を得る．

One Point **角運動量の運動方程式**

$$\frac{d\boldsymbol{L}}{dt} = \boldsymbol{N} \tag{10.5}$$

つまり，「運動量」を「角運動量」に，「力」を「トルク」に変えれば，(5.4)の運動方程式と同様の関係が得られることがわかった．この関係を次の問題で確認しよう．

[†27] 「ジェットコースターの問題」（→ p.85）などは，厳密には物体は円軌道を進みつつ回転しているが，問題に与える影響は小さいため無視できる．

例題 10.4 図10.6のように，水平に x 軸，鉛直上向きに y 軸を取り，地面の高さを $y=0$ とする．時刻ゼロで $x=x_0$, $y=y_0$ から質量 m の物体を静かに離す．以下の問に答えよ．

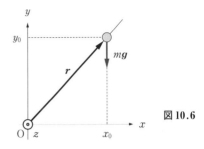
図 10.6

(1) 物体にはたらくトルクを，図に示された量で表しなさい．
(2) 角運動量の運動方程式を，デカルト座標の成分表示で示しなさい．
(3) 物体が $y=0$ に達した瞬間の物体の速さ v_0 と，落下するまでの時間 t_0 を求めよ．ここで，いったん角運動量を忘れて，エネルギー保存則を用いて解くこと．
(4) (2)の運動方程式を解き，(3)で求めた値が解であることを示しなさい．

【解答】 (1) $-mgx_0\boldsymbol{k}$ (2) $\begin{pmatrix} \frac{dL_x}{dt} \\ \frac{dL_y}{dt} \\ \frac{dL_z}{dt} \end{pmatrix} = \begin{pmatrix} 0 \\ 0 \\ -mgx_0 \end{pmatrix}$ (3) $v_0=\sqrt{2gy_0}$, $t_0=\sqrt{\frac{2y_0}{g}}$

(4) 運動方程式の z 成分は $\frac{dL_z}{dt}=-mgx_0$. これは簡単に積分できて，$L_z(t)=-mgx_0 t + C$ (C は任意の定数) を得る．初期条件は $t=0$ で $L=0$ だから $C=0$. 運動は $L_z(t)=-mgx_0 t$ と決定される．

(3)で求めた v_0 から，物体の $y=0$ における角運動量 $\boldsymbol{L}$ の大きさを計算すると，$L(y=0)=mx_0\sqrt{2gy_0}$. $\boldsymbol{r}, \boldsymbol{v}$ ベクトルの方向から $\boldsymbol{L}$ は $-z$ 方向のベクトルである．一方，$L_z(t)=-mgx_0 t$ に(3)で求めた t_0 を代入，角運動量を求めると $L_z(t_0)=-mx_0\sqrt{2gy_0}$. したがって題意が示された．

【解説】 (1) $\boldsymbol{r}$ と $m\boldsymbol{g}$ のなす角を θ とすると，トルクの大きさは $rmg\sin\theta$ である．ところが，$r\sin\theta$ は物体の位置によらず常に x_0 なので，トルクの大きさは mgx_0 と書ける．$\boldsymbol{r}\times m\boldsymbol{g}$ の向きは z 軸の負の方向．

(2) 角運動量の運動方程式をデカルト座標で展開すると，左辺は $\left(\frac{dL_x}{dt}, \frac{dL_y}{dt}, \frac{dL_z}{dt}\right)$, 右辺は (N_x, N_y, N_z) である．右辺に(1)で求めた具体的な値を入れる．

(3) エネルギー保存則から $\frac{1}{2}mv_0^2=mgy_0$. v_0 について解けば解を得る．物体が落下する速さは $v=gt$ で表されるから，ここに v_0 を代入して t_0 を得る．

(4) (2)から角運動量は z 成分のみが値をもつことがわかる．z 成分の運動方程式は右辺が定数だから，1回積分すれば1次関数． ◆

10.2.2 角運動量保存則

前項で導出した定理を，複数の質点からなる系に適用する．図10.7のように，系には質点 1, 2, ... があって，それぞれが質量 $m_1, m_2, ...$, 運動量 $\boldsymbol{p}_1, \boldsymbol{p}_2, ...$ をもち，内力 $\boldsymbol{F}_{ij}, \boldsymbol{F}_{ji}$ を互いに及ぼしつつ，外力 $\boldsymbol{F}_{e1}, \boldsymbol{F}_{e2}, ...$ を受けている．個々の質点に対して(10.5)の関係が成り立っているから，全体として以下の関係が成立している．

$$\sum_i \frac{d\boldsymbol{L}_i}{dt} = \sum_i \boldsymbol{N}_i \tag{10.6}$$

質点 i に加えられるトルク $\boldsymbol{N}_i$ は，外力由来の $\boldsymbol{r}_i \times \boldsymbol{F}_{ei}$ と，内力由来の $\sum_j \boldsymbol{r}_i \times \boldsymbol{F}_{ij}$ に分離できる．すると(10.6)は以下のように書きかえられる．

$$\sum_i \frac{d\boldsymbol{L}_i}{dt} = \sum_i \boldsymbol{r}_i \times \boldsymbol{F}_{ei} + \sum_i \sum_j \boldsymbol{r}_i \times \boldsymbol{F}_{ij} \tag{10.7}$$

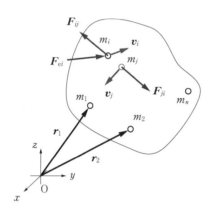

図 10.7 閉じた系の全角運動量と，全トルクの関係を考える．

作用－反作用の法則から，質点 i と j が及ぼし合う内力は必ずペアになって登場する．これらのトルクについて考えよう．

図10.8は，任意の $\boldsymbol{F}_{ij}$ とペアになる $\boldsymbol{F}_{ji}$ のトルクを図示したものである．$\boldsymbol{F}_{ij}$ と $\boldsymbol{F}_{ji}$ のトルクはそれぞれ

$$\boldsymbol{N}_{ij} = \boldsymbol{r}_i \times \boldsymbol{F}_{ij} \tag{10.8}$$

$$\boldsymbol{N}_{ji} = \boldsymbol{r}_j \times \boldsymbol{F}_{ji} \tag{10.9}$$

である．作用－反作用の法則から $\boldsymbol{F}_{ij} = -\boldsymbol{F}_{ji}$ で，かつ2力のベクトルは同一直線上にある．すると，図からわかるように $r_i \sin\theta_i = r_j \sin\theta_j$ の関係がある．したがって $\boldsymbol{N}_{ij}$ と $\boldsymbol{N}_{ji}$ は同じ大きさで，$\boldsymbol{r}_i, \boldsymbol{r}_j, \boldsymbol{F}_{ij}, \boldsymbol{F}_{ji}$ が同一平面上にあることから，その向きは互いに反対で，打ち消し合うことが示された．すると，(10.7)の第2項は消滅し，(10.6)は以下のように書ける．

$$\sum_i \frac{d\boldsymbol{L}_i}{dt} = \sum_i \boldsymbol{r}_i \times \boldsymbol{F}_{ei} \tag{10.10}$$

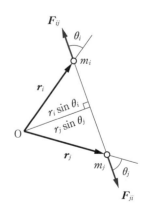

図 10.8 内力 $\boldsymbol{F}_{ij}$ と $\boldsymbol{F}_{ji}$ のトルクが打ち消し合うことの証明

$\sum_i \boldsymbol{r}_i \times \boldsymbol{F}_{ei}$ を，系に加えられる外力の**正味のトルク** $\boldsymbol{N}_e$ とよぶ．総和と時間微分は順番を入れかえても結果は変わらないから，我々は以下の関係を得る．

One Point　閉じた系のトルクと角運動量の関係

閉じた系の全角運動量の時間変化率は，その系に加えられる正味のトルクに等しい．

$$\frac{d}{dt}\sum_i \boldsymbol{L}_i = \boldsymbol{N}_e \tag{10.11}$$

また，外力がはたらかない，閉じた系に (10.11) を適用すると，以下の**角運動量保存則**が成立する．

One Point　角運動量保存則

閉じた系の全角運動量は，外部からのトルクがはたらかない限り保存する．

$$\frac{d}{dt}\sum_i \boldsymbol{L}_i = 0 \tag{10.12}$$

角運動量保存則は，運動量保存則と同様に「宇宙の真理」ともいえる大変重要な保存則である．また，角運動量保存則はいろいろな系において物理的洞察を得るための重要な手がかりとなる．

一例として，地球の自転速度を考えよう．地球の自転速度は一定でなく，10 万年に 1 秒ほどの割合で遅くなっていることが知られている．原因として，潮の満引きによる摩擦が回転を減速させている，というのを聞いたことはあるだろうか．しかし，角運動量保存則を知る読者は，これに疑問をもたなくてはならない．なぜなら，摩擦力は地球という閉じた系の内力であり，内力は系の角運動量を変えない．では，地球の自転が遅くなっている原因は何だろうか．これは各自の宿題としておこう．

例題 10.5　ケプラーの第 2 法則から，惑星にはたらく力が中心力であることを示しなさい．

【解答】　惑星を 1 つの系とすると，恒星からの万有引力が外力となる．例題 10.2 から，面積速度は恒星を原点とした系の角運動量と以下の関係にある．

$$\frac{dS}{dt} = \frac{2L}{m} \tag{10.13}$$

$\dfrac{dS}{dt}$：面積速度

L：角運動量の大きさ

m：惑星の質量

惑星の質量は変化しないから，これは「恒星を原点とした，惑星の角運動量の大きさは時間によらない」といっているのに等しい．さらに，ケプラーの第 1 法則から，惑星の角運動量ベクトルはその向きも一定であることがわかる．惑星の角運動量が不変なら，惑星にはたらく力

はトルクをもたず，すなわちそれは中心力である．

【解説】 ニュートンは，ケプラーの第2法則と第3法則から，「太陽と惑星の間には，距離の2乗に反比例する中心力がはたらいている」ことを見抜いた．ただし，彼の天才は，さらに「地球上のりんごと地球の間の引力は，太陽と惑星の間の引力と同じもの」であると気づいた点に帰せられるだろう．　　　◆

例題 10.6 第5章で取り上げた「弾道振り子」の問題（→ p.69，例題 5.11）を再び考える．質量 m，未知の速さ v の弾丸を水平に，長さ l のひもで吊り下げられた質量 M の柔らかい粘土に撃ち込む（図 10.9）．弾丸の運動を等速直線運動と近似する．弾丸は粘土にめり込み，ひもは角度 θ だけ振れた．ひもを吊り下げる点を原点と定義する．以下の問に答えよ．

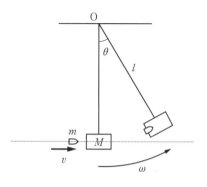

図 10.9

(1) 粘土にぶつかる前の弾丸の速さを v として，系の角運動量の大きさを求めよ．
(2) 衝突直後の粘土の角速度を ω とする．衝突直後の運動エネルギーを ω を使い表しなさい．
(3) 角運動量保存則を用い，ω を求めよ．
(4) v を求めよ．

【解答】 (1) mvl　(2) $\dfrac{1}{2}(m+M)l^2\omega^2$　(3) $\dfrac{mv}{(M+m)l}$
(4) $\dfrac{M+m}{m}\sqrt{2gl(1-\cos\theta)}$

【解説】 運動は紙面内に限られるから，角運動量は紙面に垂直な方向に限られる．したがって，角運動量はスカラー量として議論できる．
(1) 弾丸がどこにあっても大きさは mvl で一定．等速直線運動する物体にはトルクがはたらいていないから，角運動量は定数になる．※弾丸にはたらく重力を無視している．
(2) 衝突後の粘土の速さは ωl，質量は $(M+m)$．
(3) 衝突前の角運動量の大きさは mvl で，衝突後はこれが $(M+m)\omega l^2$ になる．角運動量保存則より $\omega = \dfrac{mv}{(M+m)l}$．
(4) (2)の解に(3)の解を代入する．一方，振り子の振れ角から，衝突後の全力学的エネルギーは弾丸の高さを基準として $(m+M)gl(1-\cos\theta)$ とわかる．これらを等値して，
$$\frac{1}{2}(m+M)l^2\left\{\frac{mv}{(M+m)l}\right\}^2 = (m+M)gl(1-\cos\theta)$$
を得る．これを v について解けば，例題 5.11 と同じ解を得る．　　　◆

10.3 静止平衡

10.3.1 剛体の静止条件

剛体がいくつかの点で複数の力を受けており，結果として動かないような状況を考える．これを**剛体の静止平衡**とよぶ．静止平衡が成立する条件は何だろうか．ニュートンの運動の法則より，$\sum \boldsymbol{F} = 0$ が必要であることは自明である．しかし，剛体の静止にはそれだけでは不充分である．10.1.2 項で見たように，$\sum \boldsymbol{F} = 0$ の場合でも物体に正味のトルクがはたらくと物体は回転を始めるから，静止平衡が成り立つためにはもう 1 つ，$\sum \boldsymbol{N} = 0$ が要求される．

> ***One Point*** **静止平衡の条件**
> 剛体が動かないためには，剛体にはたらく力が $\sum \boldsymbol{F} = 0$ かつ $\sum \boldsymbol{N} = 0$ を満たしている必要がある．

ここで，トルクを考える際に，座標の原点はどこに取ってもよいことに注意すべきである．剛体に加わる力のうちの 1 つの力点を原点に取れば，そのトルクはゼロになるから，静止平衡の問題を考えるときには，原点をどこに取るかは解法の一部である．次の問題で，剛体の静止平衡の条件は任意の原点で成り立つことを確認する．

例題 10.7 図 10.10 のようなシーソーのつり合いを考える．支点は棒の長さの 1/3 の位置にある．棒は軽く，支点の上で滑ることができ，棒と支点の間の摩擦は無視できる．
(1) 左端を大きさ F の力で垂直に押したとき，つり合いを保つため右端に垂直に加える力の大きさを答えよ．
(2) (1)のつり合い状態において，棒の中央 O を原点とした正味のトルクがゼロであることを示せ．

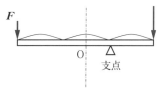

図 10.10

【解答】 (1) $2F$

(2) シーソーの長さを L とする．力のつり合いから，支点においてシーソーは上向きで大きさ $3F$ の力を受けている．反時計回りを正として，各々の力のトルクは以下の通り．

$$\text{左端}: \frac{1}{2}L \cdot F = \frac{FL}{2} \quad \text{支点}: \frac{1}{6}L \cdot 3F = \frac{FL}{2} \quad \text{右端}: -\frac{1}{2}L \cdot 2F = -FL$$

足せばゼロになるので，トルクの和がゼロであることが示された．

【解説】 (1) 支点を原点としてトルクのつり合いを求める．右端の力を F_r，シーソーの長さを L とすれば，$\frac{2}{3}LF = \frac{1}{3}LF_r$．$F_r$ について解き，$F_r = 2F$．もちろん，こんなことをしなくても，我々は日常的な感覚で右端の力が $2F$ であることを知っている．
(2) 中央を原点にとるとき，「支点にはたらく力」がトルクをもつことに注意せよ． ◆

10.3.2 重力のトルク

例題 10.7 の問題のように，力の向き，大きさと力点が明示されている問題なら，剛体にはたらくトルクの計算は容易である．一方，剛体にはたらく重力は力点を 1 つに定めることはできない．この場合，重力のトルクはどのように表せるだろうか．

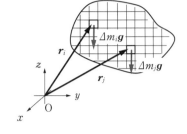

図 10.11 剛体を小さな断片に分割，個々の断片にはたらく重力のトルクを合計する．

図 10.11 のように，適当な位置に原点を取る．次に，剛体を小さな断片に分割，個々の断片にはたらく重力のトルクを合計する．その表現は以下の通りである．

$$N_G = \sum_i r_i \times \Delta m_i g \tag{10.14}$$

係数 Δm_i を r_i の方に掛ければ，g は定数だから総和の外に出せて，重力のトルクは以下のように表せる．

$$N_G = \left(\sum_i \Delta m_i r_i\right) \times g \tag{10.15}$$

(10.15) の括弧の中は，質量中心ベクトル r_G に剛体の質量 M を乗じた形になっている（→ p. 116）．M を g に乗ずる形に変形すれば，以下の形を得る．

$$N_G = r_G \times Mg \tag{10.16}$$

すなわち，**剛体にはたらく重力のトルク**は，剛体を質量中心にある質点と見なしたとき，その質点にはたらく重力のトルクと同じであることが示された．

One Point　剛体にはたらく重力のトルク

剛体にはたらく重力のトルク N_G は，剛体と同じ質量 M で，質量中心 r_G にある質点にはたらく重力のトルクに等しい．

$$N_G = r_G \times Mg \tag{10.17}$$

この定理からいえる重要な示唆は，「原点と質量中心が共通の鉛直線上にあるとき，剛体にはたらく重力のトルクはゼロ」という事実である．しかし我々は，ニュートン力学を知らずとも日常的な感覚でこの定理を知っている．「バランスを取るときは重心の位置が大切」というのは，さまざまな場面で経験したことがあるだろう．

例題 10.8 図 10.12 のような，一様な厚さの二等辺三角形の二等分線上のどこかに小さな穴を開け，水平に針を通して自由に回転できるようにする．三角形を図の向きで保持して手を離したとき，板が回り出さない穴の位置はどこか．

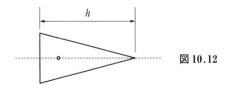

図 10.12

【解答】 左端から $\frac{h}{3}$ の位置.

【解説】 一般に，三角形の質量中心は底辺から垂直に測って高さの $\frac{1}{3}$ の位置にある（→ p.118，例題 9.2）．穴が質量中心に一致していれば，板を支える力のトルクと重力のトルクが打ち消し合うため，板は回転しない． ◆

摩擦のある床面に傘を立てかけた状況を考える．日常生活ではよくある，なんでもない状況のように見えるが，この状態が成立するための静止平衡条件は複雑で，ニュートン力学のよい演習問題となる．

例題 10.9 図 10.13 のように，摩擦が無視できる鉛直な壁に 1 本の傘が立てかけられている．傘の先端と水平な床の間には摩擦があり，静止摩擦係数は μ_s である．図のように傘の角度 θ を定義するとき，傘が滑らずに静止していられる最小の角度を求めよ．問題を簡単にするため，傘を一本の均一な棒と近似する．

図 10.13

【解答】 $\tan^{-1}\left(\dfrac{1}{2\mu_s}\right)$

【解説】 図 10.13 の傘を 1 本の棒に変え，棒にはたらく力の方向を図 10.14 に図示した．棒の質量を m，長さを l とする．このとき，B 点を原点にとれば，4 力のうち 2 力が作るトルクがゼロとなり計算が容易である．トルクを計算しよう．回転は紙面内に限るから，以下はスカラーで議論する．

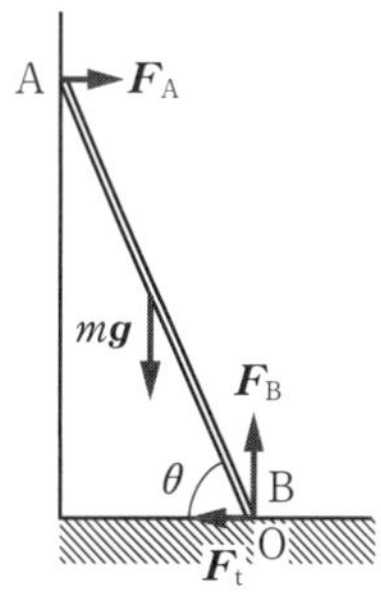

$$\frac{l}{2} mg \cos\theta - F_A l \sin\theta = 0$$

$$\therefore \quad F_A = \frac{mg}{2\tan\theta} \qquad (10.18)$$

図 10.14

一方，棒にはたらく力のつり合いから，$F_B = mg$，$F_A = F_t$ である．傘が静止していられる条件は，静止摩擦力 F_t が棒と床の間の最大静止摩擦力を超えないことで，最大静止摩擦力の条件は以下の通りである．

$$F_t = \mu_s F_B \qquad (10.19)$$

140   10. 角運動量とトルク

これらの関係と(10.18)を使うと，以下の関係式を得る．
$$\frac{mg}{2\tan\theta} = \mu_s mg \tag{10.20}$$
整理すると，$\theta = \tan^{-1}\left(\frac{1}{2\mu_s}\right)$ を得る． ◆

　我々は，このような場合は直感的に，傘を垂直に近づけたほうが止まりやすいこと，床に摩擦がなければ垂直に近い場合でも傘が滑り出してしまうことを知っている．その理由を力学的に解き明かしたのが上記の問題である．厳密にいえば，垂直の壁にわずかな摩擦がないと傘は静止しない．これは，摩擦がないとき，傘が横に滑る方向に対しては次項で述べる「不安定なつり合い」だからである．

10.3.3　安定なつり合いと不安定なつり合い

　子供の頃，やじろべえを作って遊んだことはあるだろうか．こんなところにもニュートン力学は洞察を与えてくれる．やじろべえが立つように作るにはコツがある．それは，「左右のおもりが支点より下になくてはならない」というものである．これを静止平衡の条件から見てみよう．今，簡単のため，やじろべえを図10.15のように自由に回転できる円板の2箇所におもりをつけたもので模擬する．こうすれば，系の状態は唯一の変数θで記述できる．

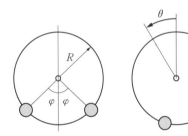

図10.15　おもりをつけた円板で模擬するやじろべえ

例題 10.10　図10.15のように，垂直に保持され，中心を軸に自由に回転でき，重さが無視できる半径Rの円板の外周2箇所に質量mの小さなおもりを取りつける．おもりの位置から円の中心に向けて引いた直線は，鉛直線と角度φをなす．回転軸を原点とし，トルクは反時計回りを正とするスカラー量で扱う．

(1)　円板が角度θだけ回転したとき，系にはたらく正味のトルク$N(\theta)$を計算しなさい．左右のおもりにはたらく重力のトルクを計算し，それを加えること．

(2)　円板が角度θだけ回転したとき，系にはたらく正味のトルク$N(\theta)$を計算しなさい．質量中心の位置を求め，質量中心にはたらく重力のトルクを計算すること．

(3)　$N(\theta)$をθで1回微分し，φと，$\theta \approx 0$における$\frac{dN}{d\theta}$の符号の関係について述べなさい．

【解答】　(1)　$-2mgR\cos\varphi\sin\theta$　　(2)　$-2mgR\cos\varphi\sin\theta$

(3) 微分した結果は $-2mgR\cos\varphi\cos\theta$. $0 < \varphi < \frac{\pi}{2}$ のときは負，$\varphi = \frac{\pi}{2}$ のときはゼロで，$\frac{\pi}{2} < \varphi < \pi$ のときは正になる．

【解説】 (1) 左のおもりに対する重力のトルクは $N_\mathrm{L} = mgR\sin(\varphi - \theta)$, 右のおもりに対する重力のトルクは $N_\mathrm{R} = -mgR\sin(\varphi + \theta)$ である．正味のトルクは $N_\mathrm{L} + N_\mathrm{R} = mgR\{\sin(\varphi - \theta) - \sin(\varphi + \theta)\}$ で，これを（三角関数の）和積の公式で変形すれば解を得る．
(2) 対称性から，質量中心の位置は回転軸を通る鉛直線と，2個のおもりを結んだ線の交点である．したがって軸からの距離は $R\cos\varphi$ である．やじろべえが θ だけ回転したとき，質量中心に対する重力のトルクは $R\cos\varphi \cdot 2mg \cdot \sin(-\theta)$ となる．
(3) $\theta \approx 0$ における $\frac{dN}{d\theta}$ の符号は $\cos\varphi$ の符号で決まる． ◆

例題 10.10 の解答がもつ意味について考えよう．まず，やじろべえにはたらく重力のトルクは，一対のおもりにはたらく重力のトルクを計算しても，質量中心にはたらく重力のトルクを計算しても同じであることが示された．これは，(10.17)が正しいことを示している．

続いて，やじろべえのつり合いと，$\frac{dN}{d\theta}$ の符号について考える．$\theta = 0$ のとき，やじろべえは軸で支えられているため $\sum \boldsymbol{F} = 0$，かつ $\sum \boldsymbol{N} = 0$ だから，剛体のつり合い条件を満たしている．一方，やじろべえが回転すると，系には正味のトルクがはたらく．$\frac{dN}{d\theta}$ が負の場合，やじろべえの回転に伴う重力のトルクは，回転方向と反対向きである．したがってやじろべえは，平衡状態からの変位を打ち消す性質をもっている．このようなつり合いを**安定なつり合い**とよぶ．また，N が θ の変化を打ち消すようにはたらくとき，これを**負のフィードバック**とよぶ．

$\frac{dN}{d\theta}$ が正のとき，やじろべえが $\theta = 0$ の状態からわずかでもずれると，θ をさらに大きくする方向のトルクがはたらく．したがって，やじろべえは厳密に $\theta = 0$ でなければ静止しない．このように，確かに静止平衡の条件が成り立っているのだが，実際には静止しないような条件を**不安定なつり合い**とよぶ．N が θ の変化を増幅するようにはたらくため，これを**正のフィードバック**とよぶ．

水平な回転軸に対して自由に回転できる剛体があるとき，剛体にはたらく重力のトルクがゼロであるためには，回転軸と質量中心が共通の鉛直線上にあればよい．しかし，つり合いが安定か，不安定かは，回転軸に対して質量中心が真下か，真上かで異なる．やじろべえを極限まで簡略化した図を図 10.16 に示す．質量中心が回転軸よ

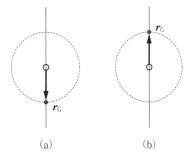

図 10.16 簡略化されたやじろべえのモデル．(a) 安定なつり合い，(b) 不安定なつり合い．

り下にあれば $\frac{dN}{d\theta} < 0$ でつり合いは安定，上にあれば $\frac{dN}{d\theta} > 0$ でつり合いは不安定であることがひと目で理解できる．

剛体のつり合いが安定かどうかを見極めるのに，ポテンシャルと力の関係（→ p.52, (4.18)）を使ってもよい．まず，系の重力ポテンシャルエネルギーを θ の関数で書く．ポテンシャルエネルギーを θ で微分したものは [Nm] の次元をもち，これはトルクと同じである．そして，1次元の運動で $F(x) = -\frac{dU}{dx}$ が成り立つのと同様に，$N(\theta) = -\frac{dU}{d\theta}$ が成り立つ．やじろべえの質量中心が支点より上にあれば $\theta = 0$ のときに最もポテンシャルエネルギーが大きいので，$\theta > 0$ のとき $\frac{dU}{d\theta} < 0$，すなわち $N > 0$ であるから，このつり合いは不安定である．$U(\theta)$ をグラフに描いてみれば，ちょうど山の頂上に小球を置いたような状況であることがわかるだろう．

章末問題

Q 10.1 位置ベクトル $\boldsymbol{r} = (1, 2, -1)$ [m] にあり，質量 2 kg，速度ベクトル $\boldsymbol{v} = (2, 3, -1)$ [m/s] をもつ質点がある．以下の問に答えよ．

(1) 質点の角運動量ベクトル $\boldsymbol{L}$ を求めよ．

(2) この質点に $\boldsymbol{F} = (-2, 4, 1)$ [N] の力を加えたとき，質点にはたらくトルクを求めよ．

(3) 結果として，角運動量の大きさは増加するか減少するか．理由を示し答えよ．

Q 10.2 図 10.17 のように，水平に置かれた摩擦のないテーブルの上にひもでつながれた質量 m のボールを置き，一定の速さで回転させる．ひもは中央で自由に出し入れできる．以下の問に答えよ．

(1) 初め，ボールは半径 r，速さ v で回転して

いた．ひもを引き，回転半径を r' としたときのボールの回転速度を求めよ．

(2) ひもを引く力がした仕事を求めよ．摩擦は無視してよい．

Q 10.3 「なぜ，自由落下する剛体は自然に回転を始めることはないのか？」という質問に，「質量中心を原点に取れば，重力が剛体に及ぼすトルクがゼロだから」と解答した．ところが，「原点をどこにとっても物理の法則は成立するはずだから，図 10.18 のような問題で，m_1 の質量中心を原点に取ったとき，系にはたらく正味のトルクがゼロにならない．剛体は回転を始めるのでは？」と返された．最初の説明は何が間違っていたのだろうか．

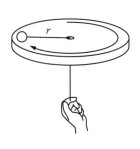

図 10.17

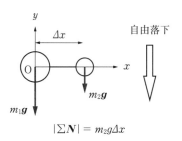

図 10.18

Q 10.4 図 10.19 のようなシーソーのつり合いを考える．支点は棒の長さの 1/3 の位置にある．棒は軽く，支点の上で滑ることができ，棒と支点の間の摩擦は無視できる．左端に，図のように斜め 45° 方向で大きさ F の力を加えた．棒を静止させるために右端から力を加える．力の大きさと，鉛直からの角度 θ を求めよ．

Q 10.5 例題 10.9 と同じ問題を考える．ただし，今度は壁にも摩擦があるとする．壁と傘の間の静止摩擦係数を μ_1，床と傘の間の静止摩擦係数を μ_2 とする．傘が滑らず立っていられる最小の角度を求めなさい．ただし，摩擦力は紙面内のものだけを考慮せよ．【ヒント】滑り出す直前には，壁・床双方の摩擦力が最大静止摩擦力となっている．

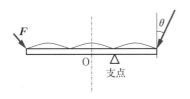

図 10.19

「猫ひねり」の物理

猫が背中から落下するとき，空中で体をひねって見事に脚から着地したのを見たことはあるだろうか．あの動作は**猫ひねり**とよばれているそうだ．大したものだと感心するが，ちょっと待ってほしい．猫は，どうやって空中で向きを変えるのだろうか？　角運動量保存則があるから，猫が回転するためには外部からトルクが作用しなくてはならない．しかし，自由落下中の猫は，何にも触れることなく身をひねっている．猫は角運動量保存則に違反することをやっているのだろうか．

結論を先にいうと，猫ひねり運動は角運動量保存則に違反しないことがわかっている．では，猫はどうやって手がかりのない空中で体を半回転させるのだろうか．昔からこの問題は議論されていたが，ほぼ完全な解明がされたのは意外に最近で，1990 年頃である．

秘密は猫の「猫背」にあった．猫ひねりの物理を最も簡単に説明するのが図 10.20 のようなモデルである[28]．2 本の円柱があり，円柱はそれぞれ端面が円錐になっている．円錐は互いに接触しており，滑らずに回転する．猫が空中に放り出されたときに起こす動作は，このモデルでは各々の円柱が図のように回転することで表される．回転は内力により起こるから，全体としての角運動量はゼロを保つ．それゆえ，この物体は，全体が O–O' を軸にして円柱の回転と逆方向に回転することになる．そして，ある程度回ったところで運動を止めると，全体としてモデルは V の字から Λ の字の姿勢に変化する，というわけだ．これが，猫が空中で角運動量保存則を破らずに回転する秘密である．

現在では，「猫ひねりの物理」は，同じ頃に登場した「非ホロノミック系の制御」とよばれる，

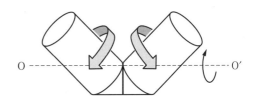

図 10.20 猫ひねりを理解するための，「連結された円柱」モデル

---

†28　C. Frohlich: "The Physics of Somersaulting and Twisting," Sci. Am. **242** (1980) 154.

制御工学の問題に分類されることがわかっている．**非ホロノミック系**とは，簡単にいえば「物体の自由度（状態を表す変数）より入力の数が少なくても，すべての自由度を制御可能な系」ということができる．制御とは，力の入力によって物体を目的の位置に変位させる，ニュートン力学の問題の1つである．非ホロノミック系という名前は，今考えているような問題が，高次元空間の幾何学とのアナロジーで理解できるところからつけられた．非ホロノミック系の物理は，蛇のような関節をもつロボットや，宇宙や水中におけるロボットの姿勢制御に応用可能な最も新しい理論の1つである．

とはいっても，根源まで遡れば，やはり運動は $\boldsymbol{F} = m\boldsymbol{a}$ で説明可能で，そしてそれ以外の原理を必要とせずに説明可能なのである．

第 11 章
剛体の回転運動

本章で考えるのは，剛体がある定まった軸を中心に回転する運動で，第9章，第10章で議論してきた問題の一例にすぎない．しかし，この世には，剛体が回転する問題は多くあり，これを特別なものとして取り扱うのは理にかなったことだろう．

固定軸周りの回転運動は，物体の回転角 θ の時間変化だけで運動が記述できる．このとき，物体固有の「慣性モーメント」を計算してしまえば，運動方程式は1次元の並進運動と極めてよく似た形とすることができる．本章は，並進運動で定義されるさまざまな物理量，例えば運動量，運動エネルギーなどが，固定軸周りの回転でどのような物理量に対応するかを見て，統一的な理解ができるようにしたい．

また，円形の剛体が滑らずに回転しつつ床を転がる「転がり運動」も，よく見られる運動の一種である．この場合，運動は並進運動と固定軸周りの回転運動の合成で記述できる．具体例を挙げ，運動がどのように解釈できるかを考えることで，ニュートン力学の合理性と美しさを再認識してもらいたい．

11.1 剛体の回転と運動方程式

11.1.1 剛体の回転

剛体が，固定された軸を中心に回転運動するときの運動方程式を，第一原理に戻って解析する．図 11.1 のように回転軸を z 軸に取り，剛体を無数の断片に分解し，ここに角運動量の運動方程式

$$\frac{d}{dt}\sum_i \boldsymbol{L}_i = \boldsymbol{N}_{\mathrm{e}} \tag{11.1}$$

を適用する．ここで $\boldsymbol{L}_i$ は個々の断片の角運動量，$\boldsymbol{N}_{\mathrm{e}}$ は剛体にはたらく正味のトルクである．

運動を z 軸周りの回転に限定しているから，正味のトルクが z 成分のみをもつことは明らかである．したがって，角運動量も z 成分のみを議論すれば十分である．

デカルト座標では，Δm_i の角運動量の z 成分は以下のように書ける（→ p. 10）．

$$L_{zi} = \Delta m_i(x_i v_{yi} - y_i v_{xi}) \tag{11.2}$$

一方，Δm_i は z 軸を中心とした半径 l_i

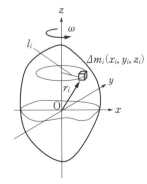

図 11.1 固定軸を中心に回転する剛体を断片に分解し，個々の断片を質点と見なして運動方程式を適用する．

146   11. 剛体の回転運動

$= \sqrt{x_i^2 + y_i^2}$ の円運動をしているから，Δm_i の座標と速度は，第 6 章の議論（→ p.75）から以下のように書ける．

$$x_i = l_i \cos\{\theta_i(t)\}, \qquad y_i = l_i \sin\{\theta_i(t)\} \tag{11.3}$$

$$v_{xi} = -\omega(t)\, l_i \sin\{\theta_i(t)\}, \qquad v_{yi} = \omega(t)\, l_i \cos\{\theta_i(t)\} \tag{11.4}$$

ここで，すべての Δm_i は共通の角速度 $\omega(t)$ をもつことに注意する．v_{xi}, v_{yi} は，それぞれ y_i, x_i を使い

$$v_{xi} = -\omega(t) y_i, \qquad v_{yi}(t) = \omega(t) x_i \tag{11.5}$$

と書けるから，（11.2）は以下のように書き直せる．

$$L_{zi} = \Delta m_i \omega(t)\, l_i^2 \tag{11.6}$$

（11.6）を（11.1）に代入すれば，以下の形を得る．

$$\frac{d}{dt} \sum_i \Delta m_i \omega(t)\, l_i^2 = N_{\mathrm{e}} \tag{11.7}$$

まとめると，固定軸周りの剛体の回転は，以下のような θ についての運動方程式で表すことができる．

$$\left(\sum_i \Delta m_i l_i^2 \right) \frac{d^2\theta}{dt^2} = N_{\mathrm{e}} \tag{11.8}$$

ここで，$\left(\sum_i \Delta m_i l_i^2 \right)$ は剛体の形状，質量分布，回転軸の位置のみで決まる定数で，運動には依存しない．これを**慣性モーメント**とよび，記号 I で表す[†29]．

One Point **慣性モーメント**

剛体が固定された軸を中心に回転するとき，慣性モーメント I を以下のように定義する．

$$I \equiv \sum_i \Delta m_i l_i^2 \tag{11.9}$$

$l_i：\Delta m_i$ の，回転軸からの距離

慣性モーメントの単位は，次元解析すれば $[\mathrm{kgm^2}]$ である．剛体の慣性モーメントの計算にはいくつかポイントがあるので，これは次節で詳しく学ぼう．

慣性モーメントを使えば，（11.8）は以下のように書きかえられる．

One Point **剛体回転の運動方程式**

剛体が固定された軸を中心に回転するとき，角度 θ の時間変化は以下の運動方程式に従う．

$$I \frac{d^2\theta}{dt^2} = N_{\mathrm{e}} \tag{11.10}$$

ここで，N_{e} は剛体にはたらく正味のトルク，I は剛体の慣性モーメントである．

まずは簡単な問題から．

[†29] Inertia（慣性）の I から取った．

例題 11.1 図 11.2 のように，慣性モーメント I をもつ半径 R の滑車にひもを巻きつけ，一定の力 $\boldsymbol{F}$ で引く．ひもは滑らずにほどけていくとして，滑車の回転角 θ の時間変化を決定せよ．なお，時刻ゼロで滑車は $\theta = 0$ で静止しているとする．

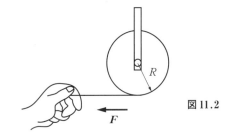

図 11.2

【解答】 $\theta(t) = \dfrac{FR}{2I} t^2$

【解説】 ひもの張力は円の接線方向にはたらくので，$N_\mathrm{e} = |\boldsymbol{R} \times \boldsymbol{F}| = RF$ で定数．運動方程式を 2 回積分し，$\theta(t) = \dfrac{RF}{2I} t^2 + C_1 t + C_2$（$C_1, C_2$ は任意の定数）を得る．後は初期条件を代入して運動を決定する． ◆

11.1.2 回転運動の諸量と 1 次元の運動の対応

(11.10) は，慣性モーメント I を質量 m に，角度 θ を変位 x に，トルク N_e を力 F に変えれば，並進運動の運動方程式になる．我々は並進運動の運動方程式から「運動エネルギー」「運動量」などの概念を定義して，「仕事 - エネルギー定理」「力積 - 運動量定理」などの定理を導出した．同様の定理が，固定軸周りの回転運動にも成り立つのではないか，と考えるのも当然

表 11.1 並進運動と固定軸周りの回転運動の対比

	並進運動	運動の表現	回転運動
変数	$x(t)$	運動の表現	$\theta(t)$
定義	$v = \dfrac{dx}{dt}$	速度 v ／ 角速度 ω	$\omega = \dfrac{d\theta}{dt}$
	$a = \dfrac{dv}{dt} = \dfrac{d^2x}{dt^2}$	加速度 a ／ 角加速度 α	$\alpha = \dfrac{d\omega}{dt} = \dfrac{d^2\theta}{dt^2}$
	m	質量 m ／ 慣性モーメント I	$I \equiv \sum_i \Delta m_i l_i^2$
	$F \equiv \boldsymbol{F} \cdot \boldsymbol{i}$（力の x 軸成分）	力 F ／ トルク N	$N \equiv |\boldsymbol{r} \times \boldsymbol{F}_\mathrm{n}|$　$\boldsymbol{F}_\mathrm{n}$ は回転軸に垂直な力
運動の法則	$m \dfrac{d^2x}{dt^2} = F$	運動の法則	$I \dfrac{d^2\theta}{dt^2} = N$
仕事とエネルギー	$K \equiv \dfrac{1}{2} mv^2$	運動エネルギー	$K = \dfrac{1}{2} I \omega^2$
	$W \equiv F \Delta x$	仕事	$W = N \Delta \theta$
	$W = \Delta K$	仕事 - エネルギー定理	$W = \Delta K$
力積と運動量	$p \equiv mv$	運動量 p ／ 角運動量 L	$L = I \omega$
	$F = \dfrac{dp}{dt}$	運動量と運動の法則	$N = \dfrac{dL}{dt}$
	$\Delta p = F \Delta t$	力積 - 運動量定理	$\Delta L = N \Delta t$

だろう．

表11.1は，並進運動と固定軸周りの回転運動を対応させた表である．初めに，回転運動の$\theta(t)$を，並進運動の$x(t)$に対応する量と位置づける．変位xの時間微分，さらにその微分として速度，加速度が定義されているが，同様にθの1階，2階微分を角速度，角加速度と定義する（→ 6.1.1項，p.74）．

次に，回転する剛体の慣性モーメントを(11.9)で定義する．すると，角加速度，トルク，慣性モーメントの間に，加速度，力，質量の間に成立するのと同様の「運動の法則」が成立する．ここまでが，前項で証明した事実である．

次に，慣性モーメントを使って運動エネルギーを表そう．その表現は，今までの対応から$K = \frac{1}{2}I\omega^2$であることが予想されるが，これを証明する．図11.1の剛体の運動エネルギーを計算しよう．個々の質点の運動エネルギーは$\frac{1}{2}\Delta m_i v_i^2 = \frac{1}{2}\Delta m_i l_i^2 \omega^2$だから，これを合計して

$$K = \sum_i \left(\frac{1}{2}\Delta m_i l_i^2 \omega^2\right) = \frac{1}{2}\omega^2 \sum_i \Delta m_i l_i^2 = \frac{1}{2}I\omega^2 \tag{11.11}$$

となり，確かに，質量を慣性モーメントに，速度を角速度におきかえた形が，運動エネルギーを表すことがわかる．ここから，表に示されるような，並進運動と同等の仕事 – エネルギー定理が成立する．運動量と力積に関する諸定理も，$x \to \theta$, $m \to I$, $F \to N$ のおきかえのみで，固定軸周りの回転運動の定理におきかえることができる．

例題 11.2 図11.3のように，半径R，慣性モーメントIの滑車にひもが巻きつけられ，その先端に質量mのおもりがつけられている．おもりを静かに離すとひもが滑らずにほどけ，おもりが落下する．おもりは初め高さhの位置にあったとして，おもりが地上に達する直前の速さを求めよ．

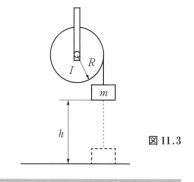

図11.3

【解答】 $\sqrt{\dfrac{2mgh}{m + \dfrac{I}{R^2}}}$

【解説】 運動方程式を解く必要はない．これは力学的エネルギー保存則の問題である．おもりが落下する前の全力学的エネルギーはmghで，おもりが地面につく直前の全力学的エネルギーは$\frac{1}{2}mv^2 + \frac{1}{2}I\omega^2 = \frac{1}{2}mv^2 + \frac{1}{2}I\left(\dfrac{v}{R}\right)^2$と書ける．これらを等値し，$v$について解けば，おもりが地上に達する直前の速さを得る．滑車の慣性モーメントが無視できるとき，運動は自由落下である．速さが$\sqrt{2gh}$になることを確認すること．また，$I \gg m$のとき，おもりはゆっくり落下するから，これはアトウッドの器械（→ p.36）に代わる重力加速度の計測方法に使えそうである． ◆

11.2 慣性モーメント

11.2.1 慣性モーメントの計算

剛体の固定軸周りの回転運動は，(11.10)の運動方程式を解くことによって得られるが，そのためには，まず剛体の慣性モーメントを知る必要がある．具体的には，$I \equiv \sum_i \Delta m_i l_i^2$ の Δm_i を限りなく小さくした，以下の 3 重積分を計算する．

$$I = \iiint l^2 \, dm \tag{11.12}$$

ここで，l は回転軸から dm までの距離である．簡単な形から始め，一様な密度をもった種々の剛体の慣性モーメントを求めてみよう．

例題 11.3 図 11.4 のように，長さ L，質量 M の一様な棒の一端を回転軸とした．慣性モーメントを求めよ．

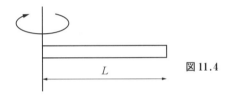

図 11.4

【解答】 $\dfrac{1}{3}ML^2$

【解説】 回転軸上の O を原点として，棒の長さ方向に x 軸を取る（図 11.5）．棒の密度を ρ，断面積を S とすると，以下の関係が成り立つ．

$$M = \rho S L \tag{11.13}$$

座標 x の位置にある，長さ dx の断片の慣性モーメントは $dI = x^2 \rho S \, dx$ である．これを 0 から L まで積分したものが棒の慣性モーメントとなる．

$$\begin{aligned} I &= \int_0^L x^2 \rho S \, dx \\ &= \frac{1}{3} \rho S L^3 \end{aligned} \tag{11.14}$$

ここに (11.13) の関係を代入，解を得る．

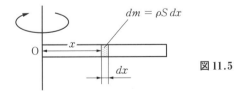

図 11.5

例題 11.4 図 11.6 のように，長さ L，質量 M の一様な棒の中央を回転軸とした．慣性モーメントを求めよ．ただし，例題 11.3 の結果を利用すること．

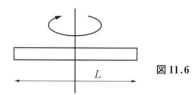

図 11.6

【解答】 $\dfrac{1}{12}ML^2$

【解説】 長さ $\dfrac{L}{2}$，質量 $\dfrac{M}{2}$ の棒の慣性モーメントを計算して 2 倍する．慣性モーメントには，その定義からわかるように**重ね合わせ**が成立する．共通の軸に取りつけられた慣性モーメント $I_1, I_2, ...$ の剛体があるとき，全体の慣性モーメントは $\sum_i I_i$ である． ◆

例題 11.5 図 11.7 のように，半径 R，質量 M の一様な円板の中心を回転軸とした．慣性モーメントを求めよ．【ヒント】半径 r，半径方向の厚さ（横幅）dr の一様なリングの慣性モーメントは容易に求められるから，これを積分する．

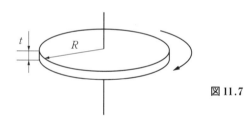

図 11.7

【解答】 $\dfrac{1}{2}MR^2$

【解説】 図 11.8 のような半径 r，横幅 dr の一様なリングの質量 dm は「密度」×「円周長」×「高さ」×「リングの横幅」で表されるから，慣性モーメントはこれに r^2 を掛け，$dI = r^2(\rho 2\pi r\,dr\,t)$ である．後は，これを 0 から R まで積分する．

$$I = \int_0^R r^2 \rho (2\pi rt\,dr) = \frac{\pi \rho t R^4}{2} \tag{11.15}$$

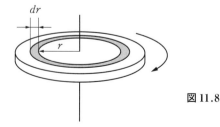

図 11.8

一方，円板の質量 M は

$$M = \pi R^2 t \rho \tag{11.16}$$

と書けるから，積分結果に(11.16)を代入する．

慣性モーメントにリングの高さ t が入っていない点に注意する．これは，一般に，軸方向に均一な形状をもつ物体の慣性モーメントは，軸方向の長さによらないことを示している．したがって，均一な円柱の慣性モーメントは，同じ半径をもつ円板の慣性モーメントに等しい． ◆

例題 11.6 図 11.9 のように，底面の半径 R，高さ h，質量 M の一様な円錐の軸を回転軸とした．慣性モーメントを求めよ．【ヒント】円錐は，半径が徐々に変化する円板の積み重ねで表せる．

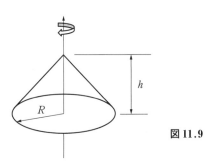

図 11.9

【解答】 $\dfrac{3}{10}MR^2$

【解説】 底面の中心を原点にして，高さ方向に z 軸を取る．z の位置にある厚さ dz の円板を考える．円板の半径は $R - \dfrac{R}{h}z$ だから（→例題 9.3），慣性モーメントは(11.15)を使って

$$dI = \frac{\pi \rho \, dz}{2}\left(R - \frac{R}{h}z\right)^4 \tag{11.17}$$

である．これを 0 から h まで積分する．

$$I = \int_0^h \frac{\pi \rho \, dz}{2}\left(R - \frac{R}{h}z\right)^4 = \frac{\pi \rho R^4 h}{10} \tag{11.18}$$

一方，円錐の質量 M は

$$M = \frac{1}{3}\pi R^2 h \rho \tag{11.19}$$

と書けるから，積分結果に(11.19)を代入する． ◆

代表的な剛体の慣性モーメントを一覧表にして表 11.2 にまとめた．一度は，各自で計算してみることをお勧めする．

表11.2 代表的な剛体の慣性モーメント

(1) 一様な棒（端を軸にする）	(2) 一様な棒（中央を軸にする）
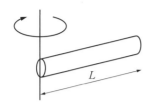 $I = \dfrac{1}{3}ML^2$	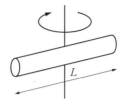 $I = \dfrac{1}{12}ML^2$
(3) 直方体	(4) 円柱，円板
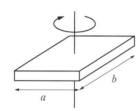 $I = \dfrac{M}{12}(a^2 + b^2)$	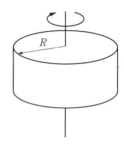 $I = \dfrac{1}{2}MR^2$
(5) 一様な球	(6) 薄い球殻
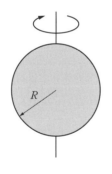 $I = \dfrac{2}{5}MR^2$	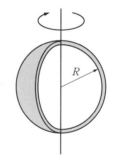 $I = \dfrac{2}{3}MR^2$

※ 質量は M とする．(1)を除き，回転軸は質量中心を貫き，かつ表面に垂直．

11.2.2 平行軸の定理

慣性モーメントの計算には，**平行軸の定理**とよばれる便利な関係式がある．

> ***One Point*** **平行軸の定理**
>
> 質量 M の剛体の，質量中心を通る回転軸に対する慣性モーメントを I_G とする．回転軸を r だけ平行移動したとき，同じ剛体の慣性モーメントは以下の式で表される．

$$I = I_G + Mr^2 \tag{11.20}$$

いいかえれば，回転軸を質量中心を貫く軸から r だけ平行移動した慣性モーメントは，「質量中心を軸とした慣性モーメント」と「長さ r の腕の先につけた質点の慣性モーメント」の和で表される．

証明はデカルト座標で行う．図 11.10 のように，質量中心を原点として，回転軸を z' 軸にとった座標系 (x', y', z') と，それを $(x'-y')$ 面内で平行移動した座標系 (x, y, z) を考える．(x, y, z) 系における質量中心の座標を $(x_G, y_G, 0)$ とする．このとき，(x, y, z) から (x', y', z') への座標変換は，

$$x = x' + x_G \tag{11.21}$$
$$y = y' + y_G \tag{11.22}$$
$$z = z' \tag{11.23}$$

である．剛体の，z 軸周りの慣性モーメントは定義から

$$I = \sum_i \Delta m_i (x_i^2 + y_i^2) \tag{11.24}$$

であるが，これを (11.21)，(11.22) を使って以下のように書き直す．

$$I = \sum_i \Delta m_i \{(x_i' + x_G)^2 + (y_i' + y_G)^2\} \tag{11.25}$$

展開すると以下のようになる．

$$I = \sum_i \Delta m_i (x_i'^2 + y_i'^2) + 2\sum_i \Delta m_i (x_i' x_G + y_i' y_G) + (x_G^2 + y_G^2)\sum_i \Delta m_i \tag{11.26}$$

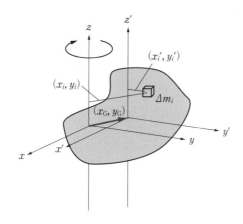

図 11.10 平行軸の定理の証明

第 1 項は，回転軸を z' 軸に取った剛体の慣性モーメントを表すから，I_G である．第 2 項は，(x', y', z') 系の原点を質量中心に選んだから，$\sum_i \Delta m_i x_i' = 0$，$\sum_i \Delta m_i y_i' = 0$ でゼロとなる．第 3 項は (x, y, z) 系で，質量中心の位置に置かれた質点の慣性モーメントである．したがって (11.20) の関係が成立する．

例題 11.7 平行軸の定理を使い，長さ L，質量 M の一様な棒の，質量中心を軸とする慣性モーメントが $I_G = \dfrac{ML^2}{12}$ であることを示しなさい．同じ棒の，端を軸とする慣性モーメントは

$I = \dfrac{ML^2}{3}$ である.

【解答】 棒の質量中心は端から $\dfrac{L}{2}$ の位置にある．平行軸の定理から，$I_G = I - M\left(\dfrac{L}{2}\right)^2$ で，計算すると $I_G = \dfrac{ML^2}{12}$ となる． ◆

11.2.3 直交軸の定理

平行軸の定理ほどは有用でないが，以下の**直交軸の定理**も覚えておこう.

> ***One Point*** **直交軸の定理**
> 平板状の剛体の面内に，直交する x 軸と y 軸を取り，板に垂直に z 軸を取る．このとき，各軸周りの慣性モーメントの間に以下の関係がある．
> $$I_z = I_x + I_y \qquad (11.27)$$

証明は以下の通りである．図 11.11 は，平板状の剛体を真上から見たものである．x, y, z 軸周りの慣性モーメントを定義通りに計算すると，

$$I_x = \sum_i \Delta m_i y_i^2 \qquad (11.28)$$

$$I_y = \sum_i \Delta m_i x_i^2 \qquad (11.29)$$

$$I_z = \sum_i \Delta m_i r_i^2 = \sum_i \Delta m_i (x_i^2 + y_i^2) \qquad (11.30)$$

である．したがって $I_z = I_x + I_y$ が成立している．

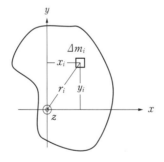

図 11.11 直交軸の定理の証明

例題 11.8 直交軸の定理を使い，質量 M，縦横の長さが a, b の薄い長方形の剛体の中心を通り，面に垂直な軸周りの慣性モーメントが $I = \dfrac{M}{12}(a^2 + b^2)$ であることを示しなさい．一様な棒の，質量中心を軸とする慣性モーメントは $I_G = \dfrac{ML^2}{12}$ である．

【解答】 一般に，慣性モーメントの計算には，回転軸方向の長さは影響しない．したがって，図 11.12 の x 軸周りの慣性モーメントは，質量 M，長さ a の棒の慣性モーメントと同じであ

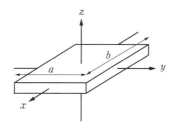

図 11.12

り，直ちに $I_x = \dfrac{Ma^2}{12}$ を得る．同様な計算で $I_y = \dfrac{Mb^2}{12}$，直交軸の定理を使って $I_z = \dfrac{M}{12}(a^2 + b^2)$ を得る． ◆

11.3 回転運動の例

いくつかの例題を解いて，ここまでに学んだことを活用してみる．

例題 11.9 第 7 章で取り上げた振り子の問題（→ p.91，例題 7.4）を，固定軸周りの回転として捉えなおす．図 11.13 のような振り子があるとき，以下の問に答えよ．ひもの固定点を原点とする．

(1) 系の慣性モーメントを求めよ．
(2) 系にはたらくトルクを求めよ．
(3) 運動方程式を立てなさい．
(4) わずかな角度 θ_0 だけ鉛直線から傾くようにおもりを引き上げ，時刻ゼロで静かに手を離した．運動を決定せよ．ただし，運動方程式を解く際に $\sin\theta \approx \theta$ の近似を用いること．

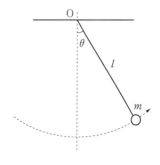

図 11.13

【解答】 (1) ml^2 (2) $-mgl\sin\theta$ (3) $\dfrac{d^2\theta}{dt^2} = -\dfrac{g}{l}\sin\theta$ (4) $\theta = \theta_0 \cos\left(\sqrt{\dfrac{g}{l}}\,t\right)$

【解説】 本来，振り子の問題は，第 7 章のような曲線座標系を取るより，本問のように回転運動と考え，最初から $\theta(t)$ を求めるのが自然だろう．しかし，それには「慣性モーメント」の概念が必要で，ここに来てようやくそれができるようになった．

(1) 慣性モーメントは定義通り．
(2) おもりにはたらく力は重力と張力．張力は $-\boldsymbol{r}$ 方向のベクトルなのでトルクを生じない．重力のトルクは，大きさが $mgl\sin\theta$ で，平衡状態 ($\theta = 0$) へ引き戻そうとする方向なのでマイナスである．
(3) $I\dfrac{d^2\theta}{dt^2} = N$ に，素直に (1), (2) の解を代入．

(4) $\sin\theta \approx \theta$ を使い運動方程式を変形すれば，$\dfrac{d^2\theta}{dt^2} = -\dfrac{g}{l}\theta$．これは単振動の運動方程式である．積分方法は第7章を参照のこと．一般解は

$$\theta = A\cos\left(\sqrt{\dfrac{g}{l}}\,t\right) + B\sin\left(\sqrt{\dfrac{g}{l}}\,t\right) \quad (A, B \text{は任意の定数}).$$

初期条件を代入すれば，$A = \theta_0$，$B = 0$を得る．当然，解は例題7.4と一致する．　　◆

例題 11.10　図11.14のように，自由に回転できる質量M，半径Rの一様な円筒に向かって質量mの弾丸を水平に速さvで撃ち込む．弾丸の運動を等速直線運動と近似する．弾丸は円筒の中心から高さdの位置に当たり，表面で止まった．弾丸が衝突した後，円筒は角速度ωで回り出した．弾丸の速さvを求めよ．

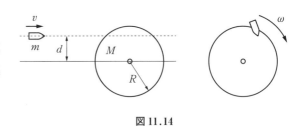

図 11.14

【解答】　$\dfrac{R^2\omega}{2md}(M + 2m)$

【解説】　角運動量保存則を使って解く問題．$mvd = \dfrac{1}{2}MR^2\omega + mR^2\omega$ をvについて解き，解を得る．衝突後の系の角運動量は，円板の慣性モーメント $\left(\dfrac{1}{2}MR^2\right)$ と衝突した弾丸の慣性モーメント (mR^2) を足して，角速度ωを掛けたもの．

　本問は，第5章の例題5.11とよく似ているが，この問題を運動量保存則のみで解くことはできない．なぜなら，見かけ上，衝突前後の運動量は保存しないからである．なぜ運動量は保存していないように見えるのか，一方，なぜ角運動量は保存するのか，考えてみると角運動量保存則に対する理解が一層深まるだろう．　　◆

11.4　剛体の平面運動

11.4.1　剛体の平面運動の運動方程式

　図11.15のように，質量m，質量中心を軸とした慣性モーメントI_Gの剛体が回転しつつ，かつ平面内を運動している状況を考える．簡単のため，剛体にはたらく力は運動面内で，それゆえ角速度は大きさのみが変化するものとする．

　このとき，剛体の運動は，剛体に作用する合力が質量中心の並進運動を変え，質量中心を軸とするトルクが質量中心を軸とする回転の角速度を変化させる．外力と剛体の速度，回転の角速度に対して運動方程式を立てると以下の通りとなる．

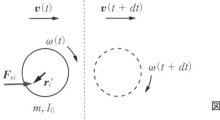

図 11.15 剛体の平面運動

$$m\frac{d\boldsymbol{v}_\mathrm{G}}{dt} = \sum_i \boldsymbol{F}_{ei} \qquad (11.31)$$

$$I_\mathrm{G}\frac{d\omega}{dt} = \sum_i |\boldsymbol{r}'_i \times \boldsymbol{F}_{ei}| = \sum_i N'_{ei} \qquad (11.32)$$

11.4.2 転がり運動

剛体の平面運動の典型的なものは，円形の剛体が平面と接触して，滑らず転がる運動である．これを**転がり運動**という．当然，剛体と平面の間は摩擦によって互いに滑ることはないものとするが，このときの摩擦は静止摩擦と考える．これは，剛体が面と接している部分は刻々と変化しているが，接している瞬間においては互いに静止しているという近似が成り立つためである．ここで簡単のため，剛体は回転対称で，質量中心は回転の中心にあるとする．すると以下の関係が成り立つ．

One Point　転がり運動

円形で，質量中心がその中心に位置する剛体が，固定された床を滑らず転がっている（図 11.16）．剛体の質量は m，質量中心を軸とした慣性モーメントは I_G で，転がる速さは v とする．このとき，以下の関係が成り立つ．

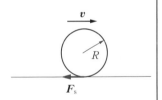

図 11.16 転がり運動

(1) 回転の角速度 ω は

$$\omega = \frac{v}{R} \qquad (11.33)$$

で表される．

(2) 接触面の摩擦力 F_s が剛体に及ぼすトルク N は

$$N = RF_\mathrm{s} \qquad (11.34)$$

である．ただし，ここで原点は剛体の質量中心に取っている．

(3) (11.33) の両辺を時間で 1 回微分すれば，$R\dfrac{d\omega}{dt} = \dfrac{dv}{dt}$ を得る．ここから，剛体にはたらく外力 F_{ei} とトルク N_{ei} の間に

$$R\frac{\sum_i N_{ei}}{I_\mathrm{G}} = \frac{\sum_i F_{ei}}{m} \qquad (11.35)$$

の関係が成り立つ．

質量 m,質量中心周りの慣性モーメント I_G の剛体が,速さ v で転がっているときの運動エネルギーを計算しよう.ただし,我々はまだ転がり運動の運動エネルギーを計算する方法を知らない.そこで,転がり運動が,各々の瞬間では接点を回転軸とした固定軸周りの回転運動と見なせることを利用する(図 11.17).固定軸周りの回転運動の運動エネルギーは,(11.11)から $\frac{1}{2}I\omega^2$ であることがわかっている.質量中心は回転軸からの距離が R で,速さ v で運動しているから,角速度は $\frac{v}{R}$ である.平行軸の定理を使えば慣性モーメント I は直ちに $I_G + mR^2$ とわかる.(11.11) を用いて運動エネルギーを求めれば,以下のようになる.

$$K = \frac{1}{2}I\omega^2 = \frac{1}{2}(I_G + mR^2)\left(\frac{v}{R}\right)^2$$
$$= \frac{1}{2}I_G\omega^2 + \frac{1}{2}mv^2 \tag{11.36}$$

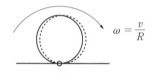

図 11.17 転がり運動のエネルギーを計算するため,接点を軸とした回転運動と見なす.

(11.36) は,剛体の転がり運動の運動エネルギーが,「質量中心の並進運動」と「質量中心を軸とする回転運動」の合成と解釈できることを意味している.またこの結果は,(11.31),(11.32) の運動方程式からも予想されるものである.

> ***One Point* 転がり運動の運動エネルギー**
>
> 転がり運動の運動エネルギーは,「質量中心の並進運動エネルギー」と「質量中心を軸とした回転の回転運動エネルギー」の和で表される.
>
> $$K = \frac{1}{2}I_G\omega^2 + \frac{1}{2}mv^2 \tag{11.37}$$

さまざまな円筒形の物体を一定の高さの斜面から転がしたときの,地上での速さについて考えてみよう.これは,面倒な運動方程式を解く必要はなく,エネルギー保存則を用いて考えればよい.

例題 11.11 図 11.18 のように,半径 R のジュース缶を,さまざまな状態で高さ h の坂の上から滑らないよう転がした.それぞれの,地上における転がり速度を求め,最も早く坂を下りきるにはどうすればよいか考えなさい.慣性モーメントには簡単なモデルを仮定すること.

(1) 中身が詰まった状態

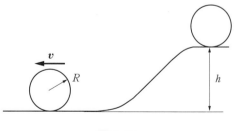

図 11.18

(2) 中身を凍らせる
(3) 中身を飲みきって空き缶にする

【解答】 (1) $\sqrt{2gh}$ (2) $\sqrt{\dfrac{4}{3}gh}$ (3) $\sqrt{gh}$

したがって，一番早いのは中身が詰まったジュース缶．

【解説】 エネルギー保存則は，$mgh = \dfrac{1}{2}mv^2 + \dfrac{1}{2}I_G\left(\dfrac{v}{R}\right)^2$ と書ける．v について解けば $v = \sqrt{\dfrac{2gh}{1 + \dfrac{I_G}{mR^2}}}$ を得る．中身が詰まったジュース缶は，慣性モーメントをゼロと近似できる．なぜなら，坂を転がる際に回転するのは缶のみで，質量の大部分を占める中身は回転しないためである．凍らせた缶は「均一な円筒」と近似できて $I_G = \dfrac{1}{2}mR^2$，空き缶の慣性モーメントは「薄いリング」で近似できて $I_G = mR^2$ である．後は，それぞれの慣性モーメントを代入すれば解を得る．m は消えてしまうので，慣性モーメントに簡単なモデルを仮定すれば速さは質量と無関係であることがわかる．中身が詰まったジュースの缶が一番早いのは意外だっただろうか？ 実験は簡単なので各自で試してみるとよい．　◆

11.4.3 斜面を転がる運動

円柱形の剛体が斜面を転がり下る運動はよく見かけるものであるが，詳しく解析するとなかなか奥深いものがある．まず，斜面に摩擦がないとするとどうなるかというと，円柱は回転せずに坂を滑り下りる．なぜなら，摩擦力がなければ円柱にはたらくトルクが存在しないためである．摩擦力がゼロからわずかに増加したとしても，「滑らずに」回転することはないであろう．このことから，剛体が斜面を滑らず転がるためには，静止摩擦係数にある条件が必要であることがわかる．

例題 11.12 図 11.19 のように，一様な密度をもつ円柱が，角度 θ の摩擦のある坂を滑らずに下る．以下の問に答えよ．

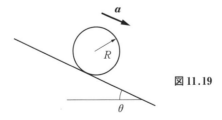

図 11.19

(1) 円柱の，坂に沿った加速度の大きさを求めよ．
(2) 静止摩擦係数はある値より大きくなければならない．最小値を求めよ．

【解答】 (1) $\frac{2}{3}g\sin\theta$ (2) $\frac{1}{3}\tan\theta$

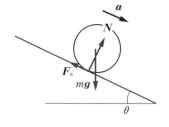

図 11.20

【解説】 物体の質量は与えられていないので，これを m とおく．物体にはたらく力を図 11.20 に示した．力は重力，垂直抗力，静止摩擦力で，重力と垂直抗力は円柱にトルクを及ぼさない．どちらも作用線が回転軸を通るためである．

(1) 静止摩擦力の大きさを F_s とする．円柱は坂に沿って下るから，円柱にはたらく正味の力が斜面に沿った向きであることは自明である．斜面方向の力は重力の斜面成分と静止摩擦力で，正味の力を算出すれば $mg\sin\theta - F_s$ を得る．一方，円柱にはたらくトルクは RF_s である．(11.35) の関係から，$\dfrac{mg\sin\theta - F_s}{m} = R\dfrac{RF_s}{\frac{1}{2}mR^2}$ を得る．これを F_s について解けば，$F_s = \frac{1}{3}mg\sin\theta$ を得る．ここから円柱の加速度は，$g\sin\theta - \dfrac{F_s}{m} = \frac{2}{3}g\sin\theta$ と求められる．

(2) 静止摩擦力 $F_s = \frac{1}{3}mg\sin\theta$ が最大静止摩擦力である条件は，$\frac{1}{3}mg\sin\theta = \mu_s N = \mu_s mg\cos\theta$ である．μ_s について解けば，$\mu_s = \frac{1}{3}\tan\theta$ を得る． ◆

剛体が斜面で滑らず止まっていられる条件が $\mu_s = \tan\theta$ であるから（→ p.34，例題 3.3），滑らずに転がるための条件はその $\frac{1}{3}$ の摩擦係数でよいことになる．これは，アトウッドの器械（→ p.36，例題 3.5）で，落下するおもりにかかるひもの張力が静止状態より小さいことと対応させることができる．例題 11.12 を例題 11.11 と組み合わせ，実験が成立するのに必要な静止摩擦係数はそれぞれどの程度か考えてみなさい．

章 末 問 題

Q 11.1 質量 M，内半径 R，外半径 $2R$，厚さ t の均一なリングの慣性モーメントを求めよ．

Q 11.2 図 11.21 のように，半径 R，慣性モーメント I の滑車にひもを巻きつけ，一端に質量 m のおもりを固定する．おもりの落下方向に沿って図のように座標を取る．時刻ゼロで手を離すとひもがほどけつつおもりが落下する．以下の問に答えよ．

(1) 手を離した後のひもの張力を求めよ．
(2) おもりの運動を決定せよ．

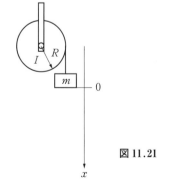

図 11.21

Q 11.3 図 11.22 のように，長さ l，質量 M の一様な棒の一端を鉛直面内で自由に回転可能な軸に固定し，水平に保つ．静かに手を離した後の運動について以下の問に答えよ．

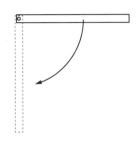

図 11.22

(1) 手を離した瞬間の，棒の角加速度を求めよ．
(2) 棒が鉛直になった瞬間の角速度を求めよ．

Q 11.4 図 11.23 のように，振り子時計は棒状の腕に固定された一様な密度の円板をおもりとしている．腕の長さを $l = 1.0\,\text{m}$，質量を $m = 0.50\,\text{kg}$，おもりの半径を $R = 0.10\,\text{m}$，質量を $M = 2.0\,\text{kg}$ としたとき，以下の問に答えよ．

(1) 振り子の慣性モーメントを求めなさい．
(2) 振幅が小さいときの周期を求めなさい．重力加速度を $9.8\,\text{m/s}^2$ とする．

Q 11.5 半径 $2\,\text{m}$，慣性モーメント $200\,\text{kgm}^2$ のメリーゴーランドが $1.0\,\text{rad/s}$ で回転している．質量 $25\,\text{kg}$ の子供が反動をつけずに一番外側に飛び移った．その後のメリーゴーランドの角速度を求めなさい．

Q 11.6 図 11.24 のように，均一な棒の一端を自由に回転できる軸に固定し，棒の任意の場所にボールを当てる．このとき，ボールの当たる位置がある特定の場所にあると，軸には力が加わらない．その場所を求めよ．

※この特定の場所が，道具を使ってボールを打つスポーツで**スイートスポット**や**真芯**といわれる場所である．力学ではこれを**打撃の中心**とよんでいる．

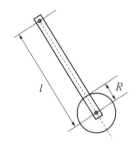

図 11.23

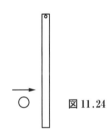

図 11.24

章末問題解答

第1章

Q 1.1 B を平行移動して $A+B$ を作り，その反対方向のベクトルが C．$A+B+C=0$ であるとき，3つのベクトルをつなぐと図1のように閉じた三角形になるという性質がある．

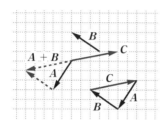

図1

Q 1.2 点の運動をデカルト座標で書き下し，成分ごとに微分する．
$$r = (x, y) = (R\cos(\omega t + \delta), R\sin(\omega t + \delta)),$$
$$\frac{dr}{dt} = \left(\frac{dx}{dt}, \frac{dy}{dt}\right)$$
$$= (-\omega R\sin(\omega t + \delta), \omega R\cos(\omega t + \delta))$$
直交性を示すには内積を取る．
$$r \cdot \frac{dr}{dt} = (R\cos(\omega t + \delta), R\sin(\omega t + \delta)) \cdot$$
$$(-\omega R\sin(\omega t + \delta), \omega R\cos(\omega t + \delta))$$
$$= -\omega R\sin(\omega t + \delta)\cos(\omega t + \delta)$$
$$+ \omega R\sin(\omega t + \delta)\cos(\omega t + \delta) = 0$$

Q 1.3 (1) 時刻ゼロの位置 (r_0) が与えられ，速度ベクトル v が一定の運動は $r(t) = r_0 + vt$ で与えられる．後は，これを成分ごとに計算する（図2）．
$$r(t) = \begin{pmatrix} -1+2t \\ 8-3t \\ 0 \end{pmatrix}$$

(2) 素直に外積を取れば，
$$\begin{vmatrix} i & j & k \\ -1+2t & 8-3t & 0 \\ 2 & -3 & 0 \end{vmatrix} = \begin{pmatrix} 0 \\ 0 \\ -13 \end{pmatrix}$$
となり，題意が示された．

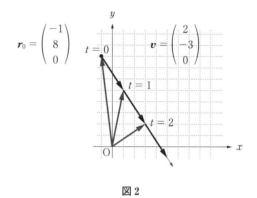

図2

実は，この計算には意味がある．「一定の速度で運動する物体の角運動量は保存する」という計算をやっているのだ（第10章）．

Q 1.4 図式的に考えれば，図3のように答は $2\sqrt{13}$ とわかるが，ベクトルを使うと以下のようになる．まず，位置ベクトルを時刻 t の関数で表すと $(x, y) = (10-3t, 2+2t)$ で，点が原点に最も近づくとき，点の速度ベクトルと位置ベクトルは直交するから，内積を取ればゼロとなる．すなわち，$\begin{pmatrix} 10-3t \\ 2+2t \end{pmatrix} \cdot \begin{pmatrix} -3 \\ 2 \end{pmatrix} = 0$ で，これを解いて $t=2$，点の座標は $(4,6)$ とわかる．したがって原点からの距離は $2\sqrt{13}$．

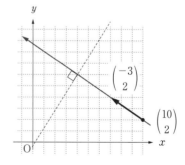

図3

Q 1.5 物体の軌跡を2次元デカルト座標で表すと図4の通り．物体は常に $y>0$ の範囲にいるから，物体は x 軸に最接近した後また離れて

章末問題解答 163

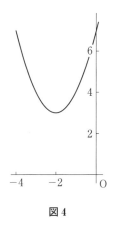

図 4

いく．このとき $\frac{dy}{dt} = 0$ だから，その時刻を求め，$\boldsymbol{r}(t)$ の式に代入すればよい．$\frac{d\boldsymbol{r}}{dt} = (1, 2t+2)$ で，$\frac{dy}{dt}$ がゼロになるのは $t = -1$．位置ベクトルは $t = -1$ を代入して $(-2, 3)$ とわかる．一方，その瞬間の $\frac{d\boldsymbol{r}}{dt}$ は $(1, 0)$ である．

第 2 章

Q 2.1 ボールはほとんど水平に投げられるので，初速度ベクトルを水平と近似する．すると，投げられたボールが三塁手のグラブに到達するまでの時間は $\frac{50.0}{40.0} = 1.25\,\mathrm{s}$ である．デカルト座標では，水平方向と鉛直方向の運動方程式は分離できる．したがって，鉛直方向には，ボールはある初速度で投げ上げ，1.25 s で投げ上げ

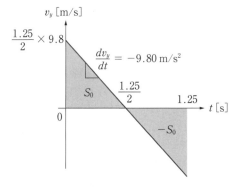

図 5

た点に戻る運動と考えられる．その最高点は v-t グラフを描けば容易に求められる（図 5）．

$$S_0 = \frac{1}{2}\left(\frac{1.25}{2}\right)^2 \times 9.8 = 1.91\,\mathrm{m}$$

つまり，ボールは，投げ上げた点から最大約 2 m 上を通る．しかし，これは見た目には充分「まっすぐ」に見える高さだろう．

Q 2.2 v-t グラフで考える．問題文をそのままグラフにすると図 6 になる．このグラフの下側の面積が，求めるべき A–B 間距離である．

$$S = 190 \times 30 - \frac{20 \times 10}{2} - \frac{30 \times 30}{2} = 5150\,\mathrm{m}$$

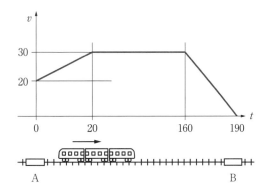

図 6

Q 2.3 (1) 問題の見かけの複雑さに騙されないように．物体 A, B, C は一体となって加速するから，これを質点と考えてよい．したがって，A を押す力の大きさは $F = (m_\mathrm{A} + m_\mathrm{B} + m_\mathrm{C})a$．
(2) 解答は図 7．$F_\mathrm{BC} < F_\mathrm{BA}$ で，その差がブロック B の加速度を生む．

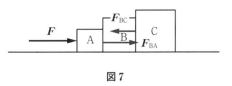

図 7

(3) ブロック C の加速度が a であることから，ブロック B が C を押す力は $F_\mathrm{CB} = m_\mathrm{C} a$ とすぐわかる．作用–反作用の法則から $\boldsymbol{F}_\mathrm{BC}$ と $\boldsymbol{F}_\mathrm{CB}$ の大きさは等しく，$F_\mathrm{BC} = m_\mathrm{C} a$ を得る．
(4) 判明している加速度，質量 m_B，(3)で求めた F_BC から計算する．

$$m_\mathrm{B} a = F_\mathrm{BA} - F_\mathrm{BC} \quad \rightarrow \quad F_\mathrm{BA} = (m_\mathrm{B} + m_\mathrm{C})a$$

別解 ブロックBとCを1つの質点と見れば，それを加速度 a で加速させる力の大きさは直ちに $F_{BA} = (m_B + m_C)a$ である．こういった問題は，一体となって動く複数の物体を「1つの物体」と考え，その「外部」から加わる力を「内部の相互作用」と分離できるかどうかがキーである．

Q 2.4 (1) 微分方程式を立てるときは素直に考える．物体にかかる力は鉛直下向きの重力のみ．これを，指定された座標系で x 成分と y 成分に分解する．

$$m\frac{d^2x}{dt^2} = -mg\sin\theta, \quad m\frac{d^2y}{dt^2} = -mg\cos\theta$$

(2) 運動方程式も，素直に2回積分する．係数が異なるだけで，鉛直上向きに y 軸を取ったときと全く同じ形になることがわかる．このとき，最後に初期条件を代入，運動を決定するが，初速度もやはり x 成分と y 成分をもつことに注意せよ．

$$x(t) = -\frac{1}{2}(g\sin\theta)t^2 + (v_0\sin\theta)t$$
$$y(t) = -\frac{1}{2}(g\cos\theta)t^2 + (v_0\cos\theta)t$$

(3) t に $\dfrac{2v_0}{g}$ を代入すれば，

$$x = -\frac{1}{2}(g\sin\theta)\left(\frac{2v_0}{g}\right)^2 + (v_0\sin\theta)\frac{2v_0}{g} = 0,$$
$$y = -\frac{1}{2}(g\cos\theta)\left(\frac{2v_0}{g}\right)^2 + (v_0\cos\theta)\frac{2v_0}{g} = 0.$$

第3章

Q 3.1 問題図に力ベクトルを書き加えたものが図8である．動摩擦力 F_k は一定の大きさで，摩擦係数を μ_k とすれば $F_k = \mu_k N = \mu_k mg\cos\theta_0$ である．斜面に沿った運動の運動方程式を立てる．力は重力の斜面方向成分(下向き)と動摩擦力(上向き)である．下向きを正に取ると，

$$m\frac{d^2x}{dt^2} = mg\sin\theta_0 - \mu_k mg\cos\theta_0$$

である．$t = 0$ で $v = 0$, $x = 0$ として運動を定めると，$x(t) = \dfrac{1}{2}g(\sin\theta_0 - \mu_k\cos\theta_0)t^2$ を得る．x に l, t に t_0 を代入して μ_k について解けば，$\mu_k = \tan\theta_0 - \dfrac{2l}{\cos\theta_0 g t_0^2}$ を得る．

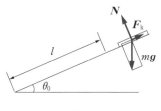

図8

Q 3.2 ボウルを真横から見て，小球にはたらく力を図示したものが図9である．小球にはたらく力は重力と垂直抗力のみであることに注意せよ．したがって，力はつり合っていない．では，小球は加速しているのだろうか．答えは「加速している」．加速度には，速度ベクトルの大きさが変わる変化と，向きが変わる変化がある．物体が等速で円運動しているとき，速度ベクトルは大きさが一定で，その向きのみが変化する．円運動に関する詳しい議論は第6章で行うので，今は力のつり合いのみに議論を集中する．物体が水平面内で運動していることは明らかなので，力の鉛直成分はつり合っていなくてはならない．重力の大きさと垂直抗力の向きは決まっているので，図のように垂直抗力の鉛直成分が重力とつり合う．答は $N = 2mg$.

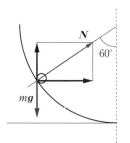

図9

Q 3.3 (1) 解法のポイントは，初めに物体にはたらく力ベクトルを合成して，「正味の力」を求めてしまうことだ．物体が斜面に沿って滑り降りることは明らかだから，合力は斜面下向きに違いない．そして，物体にはたらく力は重力と垂直抗力のみだから，重力を分解して斜面に沿った力の成分を抽出すれば，それが物体にはたらく合力である(図10)．運動方程式を立て，初期条件を用いて運動を決定する．合力が x 成分，y 成分をもつことに注意せよ．

$$x : m\frac{d^2x}{dt^2} = F_x = mg\sin\theta\cos\theta$$
$$\rightarrow \quad x(t) = \frac{1}{2}(g\sin\theta\cos\theta)t^2$$
$$y : m\frac{d^2y}{dt^2} = -mg\sin\theta\sin\theta$$
$$\rightarrow \quad y(t) = -\frac{1}{2}(g\sin^2\theta)t^2 + h$$

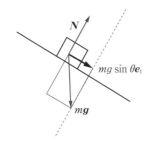

図 10

(2) (1) の $y(t)$ から容易に求められる．$0 = -\frac{1}{2}(g\sin^2\theta)t^2 + h$ から，$t = \frac{1}{\sin\theta}\sqrt{\frac{2h}{g}}$．一見すると不合理な座標系のように思われたが，坂を滑り降りるまでの時間を求めたい場合には合理的な選択であることがわかる．もっとも，斜面に沿った距離が $\frac{h}{\sin\theta}$ であることは明らかだから，斜面に沿って x 軸を取ってもほぼ同じ手間で目的は達せられる．

Q 3.4 (1) $\dfrac{d^2x}{dt^2} = -\mu_k g$

(2) 運動方程式を積分，初期条件を代入すると速度は $v(t) = -\mu_k gt + v_0$，位置は $x(t) = -\frac{1}{2}\mu_k gt^2 + v_0 t$ である．ブロックが静止する時刻 t_0 は $t_0 = \frac{v_0}{\mu_k g}$ と計算でき，これを $x(t)$ に代入すると，停止するまでに滑る長さ x_0 が $x_0 = -\frac{1}{2}\mu_k g\left(\frac{v_0}{\mu_k g}\right)^2 + v_0\left(\frac{v_0}{\mu_k g}\right) = \frac{v_0^2}{2\mu_k g}$ と求められる．ただし，この問題は，「エネルギー保存則 (第 4 章)」を使えば容易に解ける．

Q 3.5 (1) は，おもりが上に動く可能性，下に動く可能性の両方を考える必要がある．斜面に沿って下側を正に取り，不等式を立てると
$$-\mu_s m_A g\cos\theta \leq -m_B g + m_A g\sin\theta$$
$$\leq \mu_s m_A g\cos\theta$$
を得る．整理して，解は
$$-\cos\theta \leq \frac{1}{\mu_s}\left(\sin\theta - \frac{m_B}{m_A}\right) \leq \cos\theta \quad \text{または}$$
$$\frac{1}{\mu_s}\left|\sin\theta - \frac{m_B}{m_A}\right| \leq \cos\theta.$$

(2) の運動状態は等速運動なので，おもり A にかかる力はつり合っている．今は斜面に沿った成分のみを考えればよい．おもり A にかかる力は斜面上向きの動摩擦力とひもの張力，斜面下向きの重力の分力である．等式を立てると $-\mu_k m_A g\cos\theta - m_B g + m_A g\sin\theta = 0$ で，これを μ_k について解けば $\mu_k = \tan\theta - \dfrac{m_B}{m_A\cos\theta}$ を得る．

Q 3.6 (1) ブロックにはたらく静止摩擦力は，ブロックをどんな大きさの力で押そうが $mg\sin\theta$ である．一方，最大静止摩擦力の大きさは F を増せば増加する．F が最小のとき，摩擦力は最大静止摩擦力に等しく，$mg\sin\theta = \mu_s N$ が成立している．垂直抗力 N は $mg\cos\theta$ に F を足したもので，以下の関係を得る．
$$\frac{mg\sin\theta}{\mu_s} = mg\cos\theta + F$$
$$\rightarrow \quad F = \frac{mg\sin\theta}{\mu_s} - mg\cos\theta$$

興味深いことに，静止摩擦係数がゼロのとき F は無限大になる．これはどういうことかというと，斜面に摩擦がなければ，どんなに大きな力で押しつけてもブロックが滑り出すことを防げないということなのだ．ウナギをつかもうとしてギュッと握ると，横から逃げ出すことを想像してみるとよい．

(2) (1) の解から，μ_s が大きいほど F が小さくなる．しかし問の条件から $F > 0$ だから，$F = 0$ となる条件が静止摩擦係数の最大値を与える．
$$\frac{mg\sin\theta}{\mu_s} - mg\cos\theta = 0 \quad \rightarrow \quad \mu_s = \tan\theta$$

F がギリギリゼロということは，わずかでも斜面の傾きが大きくなるとブロックが動き出すということである．したがって解は，斜面の問題でも比較的初歩的な，「滑り出す角度から静止摩擦係数を求める」問題 (例題 3.3) と同じ解になっている．

Q 3.7 (1) ブロックは等速度運動しているので，摩擦力はゼロ．

(2) この状態では，ブロック小は右向きに加速

している．加速度を生んでいるのはブロック大とブロック小の間の摩擦力で，その大きさは題意から $\mu_s mg$ とわかる．解答は図 11.

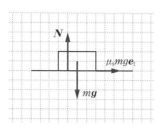

図 11

(3) ブロック小が滑り出すまで，ブロック大と小は同じ加速度で運動していることに気づくかどうか．$\mu_s mg = ma$ から，$a = \mu_s g$.

Q 3.8 ひもの張力の性質から，張力 T_1, T_2 はひもの方向でなくてはならない．重力 mg と T_1, T_2 がつり合うためには，3 つの力ベクトルの和がゼロでなくてはならない．以上の事実から，力を水平成分，鉛直成分に分解すると以下の等式が成り立つ(図 12).

水平成分：$T_1 \sin 30° = T_2 \cos 30°$

鉛直成分：$T_1 \cos 30° + T_2 \sin 30° = mg$

これらを連立方程式として解けば，$T_1 = \frac{\sqrt{3}}{2} mg$, $T_2 = \frac{1}{2} mg$.

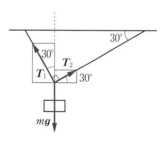

図 12

別解 力のつり合いを成分に分解せず，ベクトル的に考える(図 13)．力のつり合いから，T_1, T_2 を 2 辺とする長方形の対角線(合成ベクトル)は鉛直で，長さが mg とわかる．さらに，T_1 が鉛直から角度 30° であることから直ちに解が得られる．

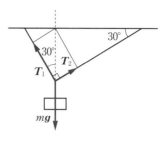

図 13

Q 3.9 (1) おもり，および滑車にかかる力をすべて図示すると図 14 のようになる．ひもにはどこでも等しい張力がはたらいている．そして，質量 m のおもりにはたらく力のつり合いから，張力の大きさは mg とわかる．続いて，その他の部分の力のつり合いを考える．天井からぶら下がっている 2 個の「定滑車」は，天井から支えられる力とひもの張力がつり合っている．そして，質量 M のおもりを吊り下げている「動滑車」は，上向きに合計 $4mg$ の張力がかかっていることがわかるだろう．それにつり合う下向きの力が質量 M のおもりにはたらく重力に等しいから，$M = 4m$ が成立する．

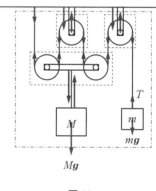

図 14

(2) 天井から定滑車を支える力が各 $2mg$, 一番左端の，ひもを固定している点にかかる力が mg であることから $5mg$ とわかる．しかし，この問題はもっと簡単に考えよう．おもりと滑車を組み合わせたすべての質量が $M + m$ であることから，これを外部から支える力の合計が必然的に $(M + m)g = 5mg$ とわかる．

Q 3.10 (1) $m \dfrac{dv_y}{dt} = -mg - \gamma v_y$

(2) 斉次形の一般解は $v_y = Ce^{-(\gamma/m)t}$. 非斉次

形の特殊解は $v_y = -\dfrac{mg}{\gamma}$. 足して,一般解は $v_y = Ce^{-(\gamma/m)t} - \dfrac{mg}{\gamma}$ (C は積分定数).

(3) $t = 0$ で $v_y = \dfrac{mg}{\gamma}$ を代入,積分定数を決定する. $v_y = \dfrac{mg}{\gamma}\{2e^{-(\gamma/m)t} - 1\}$.

(4) さらに1回積分し,初期条件から積分定数を決定する.
$$y = \dfrac{mg}{\gamma}\left\{-2\dfrac{m}{\gamma}e^{-(\gamma/m)t} - t + 2\dfrac{m}{\gamma}\right\}$$

(5) v-t 線図は図15のようになる. 横軸の時刻は,$\dfrac{m}{\gamma}$ で規格化した無次元量である. (3)の解から,$t \approx 0$ における下向き加速度は $-2g$ で,自由落下の2倍である. したがって,v-t 線図の傾きも2倍となるが,抵抗があるため傾きは徐々に小さくなる.

速度がゼロになる時刻は,下向きの加速度が $-g$ の自由落下と $-2g$ の場合の中間に来るだろうと予想される. 正確に計算するとこれは $\dfrac{m}{\gamma}\ln 2$ で,規格化時刻 0.69 の位置になる. 物体の到達高さは,$v_y > 0$ の範囲でグラフと t 軸に囲まれた面積で与えられる. t 軸との交点を 0.7 として,これを三角形で近似すれば,高さは抵抗のない投げ上げ運動(交点が1.0)の7割ほどとわかる.

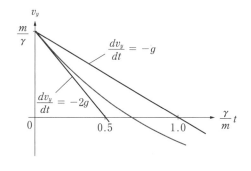

図 15

(6) 初めに,物体が最高点に到達するまでにかかる時間を求める. $v_y = \dfrac{mg}{\gamma}\{2e^{-(\gamma/m)t} - 1\} = 0$ から $t = \dfrac{m}{\gamma}\ln 2$. これを y の式に代入. $y_{\max} = \left(\dfrac{m}{\gamma}\right)^2 g(1 - \ln 2)$. これは,抵抗がない投げ上げ の 61% となる. 荒っぽい推計が悪くない近似であることがわかる.

第 4 章

Q 4.1 $F = ma$ からエンジンが出す力がわかる. 仕事率は $P = Fv$ で 42 kW(約 55 馬力).

Q 4.2 運動エネルギーは $\dfrac{1}{2}mv^2$ で速度の 2 乗に比例し,摩擦力がした仕事は fx で距離に比例する. 自動車が止まるとは,運動エネルギーがすべて摩擦による仕事で熱に変わることだから,
$$\dfrac{1}{2}mv_1^2 = fx_1, \quad \dfrac{1}{2}mv_2^2 = fx_2 \quad \therefore \left(\dfrac{v_1}{v_2}\right)^2 = \dfrac{x_1}{x_2}.$$
自動車教習所で習うように,制動距離は速度の 2 乗に比例する. したがって 48 km/h から 96 km/h に速度が増すと,停止するまでに走る距離は 4 倍の 160 m となる.

Q 4.3 $W = \displaystyle\int_a^b \dfrac{q_1 q_2}{4\pi\varepsilon_0 r^2}\,dr = \dfrac{q_1 q_2}{4\pi\varepsilon_0}\left[-\dfrac{1}{r}\right]_a^b$
$= \dfrac{q_1 q_2}{4\pi\varepsilon_0}\left(\dfrac{1}{a} - \dfrac{1}{b}\right)$

Q 4.4 (1) 仕事-エネルギー定理と力学的エネルギー保存則を利用する. 力 F で玉を 1.0 m 押した仕事は玉の運動エネルギーに等しく,それはまた最高点(600 m)の重力ポテンシャルエネルギーに等しい.
$$1.0 \times F = 5.0 \times 9.8 \times 600$$
$$\to F = 2.9 \times 10^4 \text{ N}$$
※ここで,F から重力 mg を引く必要があるのでは? と思ったらやってみよう. 答えは有効数字の範囲で同じになるはずだ. これもまた大切なセンス.

(2) 初速度の運動エネルギー $\dfrac{1}{2}mv_0^2$ と,600 m 上空で静止したときの位置エネルギー mgh が等しいとおく. 発射筒の高さ 1 m は無視して構わない.
$$\dfrac{1}{2}mv_0^2 = 5.0 \times 9.8 \times 600$$
$$\to v_0 = 1.1 \times 10^2 \text{ m/s}$$

(3) v-t グラフを使って解いてみよう(図16). $v = 0$ になる時刻 t_0 は $\dfrac{v_0}{g}$ で,計算すると 11 s となる. 意外にゆっくり上がるものだ.

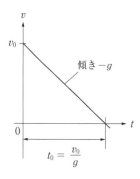

図 16

Q 4.5 (1) エネルギー保存則から $\frac{1}{2}mv^2 + mg(x-a)^2 = mg(-x_0-a)^2$. 整理して, $v = \sqrt{2g\{(-x_0-a)^2 - (x-a)^2\}}$.

(2) 図式的に求めるほうが簡単. 物体は最初と同じ高さまでしか上がれない. そのときの x 座標は $x = x_0 + 2a$. (1) の解の平方根の中が正である条件, としてもよい.

Q 4.6 (1) 摩擦力は $\mu_k mg \cos\theta$. 高さ h まで上がったとすると, その間に失われた力学的エネルギーは $\mu_k mgh \cot\theta$. 力学的エネルギー保存則より, $\frac{1}{2}mv_0^2 = mgh + \mu_k mgh \cot\theta$ が成立. h について解き, $h = \dfrac{v_0^2}{2g(1+\mu_k \cot\theta)}$.

(2) 摩擦で失われるエネルギーは上りも下りも同じ. これを W, 坂を降りた後の速さを v' として, 以下の式を立てる.

$$\frac{1}{2}mv_0^2 = mgh + W, \quad mgh = \frac{1}{2}mv'^2 + W$$

辺々引き算すれば, $\frac{1}{2}mv_0^2 - mgh = mgh - \frac{1}{2}mv'^2$ を得る. これを v' について解き, $v' = \sqrt{4gh - v_0^2}$ を得る. 最後に (1) の解を代入すると, $v' = v_0\sqrt{\dfrac{2}{(1+\mu_k\cot\theta)} - 1}$.

※ 括弧の中が正である条件は $\mu_k \cot\theta < 1$ である. これが何を意味するか考えよ.

Q 4.7 (1) 力学的エネルギーは, ばねのポテンシャルエネルギーと重力ポテンシャルエネルギーの和. 重力ポテンシャルエネルギーがマイナスであることに注意. 解は $\frac{1}{2}kx_0^2 - mgx_0\sin\theta$.

(2) ばねが自然長のとき, 力学的エネルギーは運動エネルギーのみ. $\frac{1}{2}kx_0^2 - mgx_0\sin\theta = \frac{1}{2}mv^2$ を解いて, $v = \sqrt{\dfrac{kx^2}{m} - 2gx\sin\theta}$.

(3) エネルギー保存則は, $\frac{1}{2}kx_0^2 - mgx_0\sin\theta = mgx\sin\theta$. x について解き, $x = \dfrac{kx_0^2}{2mg\sin\theta} - x_0$.

Q 4.8 (1) $\dfrac{\partial F_y}{\partial x} - \dfrac{\partial F_x}{\partial y} = 0$ を示せばよい. 計算するとどちらも -1 なので, 力は保存力である.

(2) 力は保存力なので, 積分経路は任意である. 楽なルートを選ぼう. 図 17 の経路で積分すると F_x と F_y を別々に考えることができるので簡単. $W = \int_0^2 x^2\, dx + \int_0^2 (y^2 - 2)\, dy = \dfrac{4}{3}$.

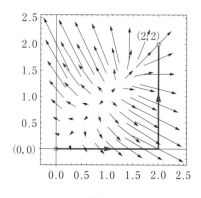

図 17

第 5 章

Q 5.1 (1) 空気抵抗は無視して, 放物運動の最大到達距離の問題と捉える (→3.1 節, p.28). $R = \dfrac{v_0^2}{g}$ から $v_0 = 54$ m/s.

(2) 衝突が弾性衝突であること, 衝突前後でクラブヘッドの速度が変化しないことを考えれば, $v_c = \dfrac{v_0}{2}$ が成立する. また, 「ボールが静止したまま半分まで圧縮される」という仮定から, 相互作用時間はボールの直径 d を使い $\Delta t = \dfrac{d}{2v_c}$

で与えられる．計算すれば $\Delta t = 7.4 \times 10^{-4}$ s．

(3) 力積-運動量定理から，$\dfrac{F_{\max}}{2}\Delta t = mv_0$．計算すると $F = 6.6 \times 10^3$ N となり，相当大きな力であることがわかる．イメージが湧かないなら，およそ 670 kg のおもりが乗ったのと同じ力と考えればよい．

Q 5.2 問題を整理すると，「20 m/s で運動する 10 kg の物体が，60 cm の距離で静止するまでに受け続ける力」と考えればよい．むしろこれは，仕事-エネルギー定理の問題である．$\dfrac{1}{2}mv^2 = F\Delta x$ に値を代入し，答えは 3.3×10^3 N．エアバッグがないと接触時間が一桁短くなり，力の大きさは一桁大きくなる．

Q 5.3 連続的な衝突の問題は次のように考える．毎秒，変化させられた運動量を mv とすると，これは力 F が1秒間作用した力積によるものである．したがって，力の大きさは $mv = F$ とおける．毎秒，窓に当たる空気の質量は $1.8 \times 0.9 \times 30 \times 1.3 \approx 63$ kg で速さは 30 m/s だから，力の大きさは 1.9×10^3 N．窓を水平に置き，190 kg の物体を乗せたのに相当する力がかかる．

Q 5.4 (1) $mv_1 = mv_2 + MV$
$\rightarrow\ V = (v_1 - v_2)\dfrac{m}{M}$

(2) $v_1 = v_2$ の場合，人の運動量は船を蹴る前と後で変わらない．この場合，人と船は水平方向には力を及ぼし合わなかったことになる．すなわち，「人が船底を鉛直方向に蹴った」場合がこれに相当する．$v_1 \neq v_2$ でかつ船が動かなかった場合，運動量保存則は成立していない．ただし，$m \ll M$ の場合，見かけ上こういうことは起こりうる．答えは，「船の質量が人に比べて余りに大きく，速度の変化が検出できなかった」．

Q 5.5 エネルギー保存則と運動量保存則から解く．ブロックがつながれた状態の，系の力学的エネルギーは $\dfrac{1}{8}kl^2$ である．運動量保存則から，ブロック A の速度を v_A とすれば，ブロック B の速度は $v_B = -\dfrac{v_A}{2}$ である．エネルギー保存則は $\dfrac{1}{8}kl^2 = \dfrac{1}{2}mv_A^2 + \dfrac{1}{2}\cdot 2m\left(\dfrac{v_A}{2}\right)^2$ で，v_A について解けば $v_A = l\sqrt{\dfrac{k}{6m}}$ と $v_B = -\dfrac{l}{2}\sqrt{\dfrac{k}{6m}}$ を

得る．

Q 5.6 運動量保存則は $-\boldsymbol{v}_i + \boldsymbol{v}_A + \boldsymbol{v}_B = 0$ と書けて，これは $-\boldsymbol{v}_i, \boldsymbol{v}_A, \boldsymbol{v}_B$ を結ぶと閉じた三角形が作れることを意味する(図18)．エネルギー保存則から $v_i^2 = v_A^2 + v_B^2$ が成り立っているが，これは三平方の定理を表している．つまり，この三角形は，v_i を斜辺とする直角三角形であることがわかる．したがって，v_A と v_B が直交することが示された．

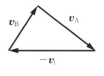

図 18

第 6 章

Q 6.1 (1) カーブ入り口から測った距離を s とすると，運動は進行方向に一定の加速度をもつ運動だから $s(t) = \dfrac{a}{2}t^2 + v_0 t$，$v(t) = \alpha t + v_0$ と計算できる．$s = 0$ で $v = 20$ m/s，$s = 628$ m で $v = 40$ m/s を満たす a は 0.955 m/s^2，カーブを曲がりきるまでにかかる時間は 20.9 s と計算される(v-t グラフを活用するとよい)．

(2) カーブ出口直前に，車にかかっている加速度は半径方向成分 $R\omega^2$ と円周方向成分 $R\dfrac{d\omega}{dt}$ である．本問の場合，これらはそれぞれ $v = R\omega$ を使い書きなおしたほうが便利だろう．半径方向加速度は $\dfrac{v^2}{R}$，円周方向加速度は $\dfrac{dv}{dt}$ となる．半径方向加速度と円周方向加速度は互いに直交しているから，三平方の定理で合成ベクトルの大きさを計算する．答は 4.1 m/s^2．これは相当な大きさで，「自動車」とはレースカーであることが推測される．

Q 6.2 (1) 最大静止摩擦力が向心力となるような円運動を考える．$\mu_s = 1$ だから，$F_{s\max} = N = mg = m\dfrac{v^2}{R}$．$v$ について解けば $v = \sqrt{Rg}$．

(2) 道路にバンクがついているとき，自動車にかかる力は重力 mg，路面に垂直な抗力 $\boldsymbol{N}$，そ

して路面に平行な静止摩擦力 F_s である．限界速度のとき，摩擦力の大きさは N である．自動車は水平面内を旋回しているから，これら3力の合成ベクトルは水平方向でなくてはならない（図19）．以上の関係を式で表すと以下の通りとなる．

鉛直方向：$N\cos\theta - N\sin\theta = mg$
水平方向：$N\sin\theta + N\cos\theta = F_r$

ここから $F_r = mg\dfrac{\sin\theta+\cos\theta}{\cos\theta-\sin\theta}$ が得られ，$F_r = m\dfrac{v^2}{R}$ から $v=\sqrt{Rg\dfrac{\sin\theta+\cos\theta}{\cos\theta-\sin\theta}}$ を得る．$\theta=0$ のとき，解が(1)に一致することを確認しよう．

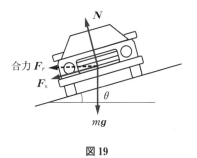

図19

平方根の中の分母，$\cos\theta-\sin\theta$ は角度を増すほど小さな値をもつので，限界速度は大きくなっていく．高速道路，サーキット，テストコースなど，自動車が高速で走る道路は例外なくバンクをもっているが，理由が上式から説明できる．また，$\cos\theta-\sin\theta$ は $\theta<\dfrac{\pi}{4}$ の範囲でのみ正の値を取ることに気づく．これはどういうことだろうか．これは，$\mu_s=1$ のとき，限界速度は $\theta=\dfrac{\pi}{4}$ のときに無限大となり，角度がそれ以上大きくなると，静止摩擦力は決して最大静止摩擦力には到達しないことを意味する．

Q 6.3 エネルギー保存則から，ループ頂上でのコースターの速さを v とすれば，以下の関係が成立する．

$$mgh = 2mgR + \dfrac{1}{2}mv^2$$

コースターがこの点でもつべき速さの条件は，「向心力が重力と等しいか，それより大きいこと」である．ループ頂上でコースターに加わる力を図20に示す．コースターに加わる力は重力と垂直抗力のみで，重力は大きさが決まっており，垂直抗力は鉛直下向きである．垂直抗力はゼロより小さくなれない（上向きにはなれない）ので，この点における最小の向心力は mg ということになる．ここから最小の速度を与える関係式が $\dfrac{mv^2}{R}=mg$ で与えられ，$\dfrac{2gh-4gR}{R}=g$ から $h>\dfrac{5}{2}R$ が条件となる．

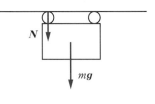

図20

コースターの車輪がレールを上下から挟み込む構造の場合，上向きの抗力も許され，このときは $v>0$ ならループを越えられる．当然，条件は $h>2R$ である．

Q 6.4 向心力は $F_r = g\tan\theta = R(\sin\theta)\omega^2$ で（→p.40, Q 3.2），解けば $\omega=\sqrt{\dfrac{g}{R\cos\theta}}$．したがって，周期は $T=\dfrac{2\pi}{\omega}=2\pi\sqrt{\dfrac{R\cos\theta}{g}}$．

Q 6.5 (1) $F=G\dfrac{Mm}{r^2}=mg$ を変形して $M=\dfrac{r^2g}{G}$．万有引力定数と地球の半径 6.37×10^6 m を使い，$M=5.9\times10^{24}$ kg．

(2) $M=5.9\times10^{26}$ kg を $\dfrac{4}{3}\pi r^3$ で割り，1000 kg/m³ が 1 g/cm³ に等しいことに注意して，5.4 g/cm³ と出る．

(3) 地球の主成分は岩石と考えられる．実際には，中心に近い部分は鉄が主成分．算出された密度は水の5倍なので妥当な値といえる．木星，土星などはメタンなどの軽いガスが主成分で，「土星が水に浮く」というのは有名な話．

Q 6.6 地球の半径を R_e，質量を M_e，飛行機の高度を h とすると，質量 m の物体が感じる重力は地表で $F=G\dfrac{M_e m}{R_e^2}$，機内で $F'=G\dfrac{M_e m}{(R_e+h)^2}$ である．体重計の読み m' は

$60\dfrac{F'}{F} = 60\dfrac{R_e{}^2}{(R_e + h)^2}$ となるから，$R_e = 6.37 \times 10^6\,\mathrm{m}$，$h = 1 \times 10^4\,\mathrm{m}$ を代入して $59.8\,\mathrm{kg}$. 意外なことに，観測可能な差となる.

Q 6.7 月の質量を地球の質量との比で求める. $M_e = \dfrac{R_e{}^2 g}{G}$ から $M_m = \dfrac{(R_e/4)^2 (g/6)}{G} = \dfrac{M_e}{96}$. 第1宇宙速度，第2宇宙速度は惑星の（質量/半径）の平方根に比例するから，月の第2宇宙速度は地球の約 $\dfrac{1}{\sqrt{24}}$ で，計算すると $2.3\,\mathrm{km/s}$. 正確な値は $2.4\,\mathrm{km/s}$ である.

第7章

Q 7.1 7.3.2項の「ばねとおもりの振動」と，運動方程式は全く同じであることに注意せよ. 振動運動の本質は質量と復元力によって決まり，初期条件によらない.

(1) $m\dfrac{d^2 x}{dt^2} = -kx.$

(2) 位置 $x = 0$，速度 $\dfrac{dx}{dt} = \dfrac{I}{m}$

(3) 運動方程式の解は $x = A\cos(\omega t) + B\sin(\omega t)$ $\left(A, B\text{ は任意定数}, \omega = \sqrt{\dfrac{k}{m}}\right)$. 速度は1回微分して $v = \omega\{-A\sin(\omega t) + B\cos(\omega t)\}$. $t = 0$ における初期条件，$x = 0$，$v = \dfrac{I}{m}$ を代入し，定数 A, B を定めれば，$x = \dfrac{I}{\sqrt{mk}}\sin\left(\sqrt{\dfrac{k}{m}}\,t\right)$.

(4) (3)の解を使い，$x_{\max} = \dfrac{I}{\sqrt{mk}}$.

(5) 加速度の最大値は $a_{\max} = \omega^2 x_{\max} = \dfrac{\sqrt{k}\,I}{\sqrt{m^3}}$.

Q 7.2 (1) $\omega = \sqrt{\dfrac{k}{m}} \;\rightarrow\; k = m\omega^2$

(2) ポテンシャルエネルギー：
$$U = \frac{1}{2}kx^2 = \frac{1}{2}m\omega^2 A^2 \cos^2(\omega t + \theta_0)$$
運動エネルギー：
$$K = \frac{1}{2}mv^2 = \frac{1}{2}m\omega^2 A^2 \sin^2(\omega t + \theta_0)$$
$$U + K = \frac{1}{2}m\omega^2 A^2\{\sin^2(\omega t + \theta_0) + \cos^2(\omega t + \theta_0)\}$$

$= \dfrac{1}{2}m\omega^2 A^2$ で一定.

Q 7.3 (1) 皿の位置を $-y_0\,(y_0 > 0)$ とすると，$mg = ky_0$. 変形して，$y_0 = \dfrac{mg}{k}$.

(2) 運動方程式は $m\dfrac{d^2 y}{dt^2} = -ky - mg$. 非斉次形なので，斉次形の一般解（単振動）に，非斉次形の特殊解を加える. 非斉次形の特殊解は(1)で求めた $y = -\dfrac{mg}{k}$. したがって運動方程式の一般解は
$$y(t) = A\cos(\omega t) + B\sin(\omega t)$$
$$- \frac{mg}{k} \quad \left(\omega = \sqrt{\frac{k}{m}}\right).$$
初期条件は $t = 0$ で $y = -y_1$，$\dfrac{dy}{dt} = 0$ だから，
$$y(t) = \left(\frac{mg}{k} - y_1\right)\cos\left(\sqrt{\frac{k}{m}}\,t\right) - \frac{mg}{k}.$$

(3) 運動が成立する条件は，最大加速度が g を超えないことである. (2)の解を2回微分すれば，$a_{\max} = \left|g - \dfrac{ky_1}{m}\right|$ を得る. したがって，y_1 が満たすべき条件は $0 < y_1 < \dfrac{2m}{k}$ となる. いいかえれば，(2)の解から振動は $y = -y_0$ を中心とした単振動とわかるから，おもりの位置がゼロより大きくならないことが単振動が成立する条件となる. おもりの位置がゼロを超えると，おもりが皿から浮き上がってしまう. もちろん，おもりが皿に接着されていれば，y がゼロを超えても単振動が成立する.

Q 7.4 (1) 運動方程式を立てるときは素直に考えよう. 右のばねがおもりに及ぼす力を F_R，左のばねがおもりに及ぼす力を F_L とする. すると，運動方程式は素直に $m\dfrac{d^2 x}{dt^2} = F_L + F_R$ である. 力を計算するポイントは，「ばねの復元力は，現在の長さと自然長の差にばね定数を掛ける」ことと，「ばねが自然長より長いとき，おもりに加わる力が正なのか負なのかを吟味する」こと. すると $F_R = k(a - x - l)$，$F_L = -k(a + x - l)$ と書ける. 合力を計算すると，l, a が消えて $F_L + F_R = -2kx$. 運動方程式は $m\dfrac{d^2 x}{dt^2} = -2kx$ となる. 面白いことに，運動は壁と壁の間隔 $2a$ に依存しない.

(2) 真面目に解いてもよいが，固有振動数がわかれば，初期条件は振幅の位置で静止だから，sin の項がゼロで $x(t) = x_0 \cos(\omega t) = x_0 \cos\left(\sqrt{\frac{2k}{m}} t\right)$.

Q 7.5 ある式が微分方程式の解であることを示すには，代入して等号が成立することを示せばよい．
$$x = (C_1 + C_2 t) e^{-\kappa t},$$
$$\frac{dx}{dt} = C_2 e^{-\kappa t} - \kappa(C_1 + C_2 t)e^{-\kappa t},$$
$$\frac{d^2 x}{dt^2} = -\kappa C_2 e^{-\kappa t} - \kappa C_2 e^{-\kappa t} + \kappa^2 (C_1 + C_2 t)e^{-\kappa t}$$
$$= -2\kappa C_2 e^{-\kappa t} + \kappa^2 (C_1 + C_2 t)e^{-\kappa t}$$

これらを微分方程式に代入すると，
$$-2\kappa C_2 e^{-\kappa t} + \kappa^2 (C_1 + C_2 t)e^{-\kappa t} + 2\kappa C_2 e^{-\kappa t}$$
$$- 2\kappa^2 (C_1 + C_2 t)e^{-\kappa t} + \omega_0^2 (C_1 + C_2 t)e^{-\kappa t}$$
$$= (\omega_0^2 - \kappa^2)(C_1 + C_2 t)e^{-\kappa t}$$

を得る．$(\omega_0^2 - \kappa^2) = 0$ だから，$x = (C_1 + C_2 t) e^{-\kappa t}$ は微分方程式を満足していることが示された．

Q 7.6 (1) $F = -kx$ に値を代入する．F が $450 \times 9.8\,\text{N}$ であることに注意．答：8.8×10^4 N/m.

(2) $2\kappa = \frac{\gamma}{m}$，$\omega_0 = \sqrt{\frac{k}{m}}$ とおいて，$\kappa^2 - \omega_0^2 = 0$ となる γ が答．答：1.3×10^4 kg/s.

第 8 章

Q 8.1 (1) ゼロ．座標系は等速運動しているので慣性系．静止したブロック小に摩擦力ははたらかない．

(2) 図 21. ブロックにはたらく力はつり合っており，右向きに最大静止摩擦力，左向きに慣性力がはたらいている．

(3) 慣性力の大きさから座標系の加速度を求める問題．$\mu_s mg = ma$ から，$a = \mu_s g$．※ Q 3.7 の解答との一致を確認すること．

Q 8.2 慣性系から見たとき，コースターにはたらく力は重力と垂直抗力のみで，ループ最下点ではどちらも進行方向に垂直である．したがって，コースターは最下点で等速円運動をしている．ループ中央を原点とし，コースターと同じ角速度で回転する座標系を取る．この系ではコースターは静止しているから，慣性力は遠心力のみを考えればよい．遠心力の大きさは自分の体重に向心加速度を掛けた量．さらに，「本来の」体重を加える必要がある．
$$F_c = m\frac{v^2}{R} = 6mg.$$ 体重 mg を足し，鉛直下向きの力は合計 $7mg$．60 kg の体重が 7 倍の 420 kg に感じられる．

Q 8.3 物体の静止状態が破れる条件は 2 つ．1 つは斜面下向きの力が最大静止摩擦力を超えるとき，もう 1 つは「斜面上向き」の力が最大静止摩擦力を超えるときである．斜面の加速度が大きいとき，ブロックは上に飛び出す可能性もあることに注意しよう．加速度の大きさを a とするとき，慣性力の斜面方向成分は上向きで，大きさは $ma\cos\theta$．重力は下向きで $mg\sin\theta$ である．一方，最大静止摩擦力は $\mu_s N = \mu_s m(g\cos\theta + a\sin\theta)$ と書ける．ここから，

下向きに滑らない条件：$a > g\dfrac{\sin\theta - \mu_s \cos\theta}{\cos\theta + \mu_s \sin\theta}$

上向きに滑らない条件：$a < g\dfrac{\sin\theta + \mu_s \cos\theta}{\cos\theta - \mu_s \sin\theta}$

を得る．

Q 8.4 (1) 図 22. ポイントは，ボールがテーブルから落ちるまでにテーブルが $90°$ 回転するという事実と，ボールは慣性系から見れば直進するので，必ず中央を通過するという点．A 点は中心から $\dfrac{R}{2}$ の距離にあるので，ボールが A 点を通過する瞬間にテーブルは $\dfrac{\pi}{8}$ rad 回る．

(2) 図 22. 遠心力は回転軸から遠ざかる方向，コリオリ力は見かけの速度に垂直だから，軌跡に対して垂直なベクトルである．テーブルに乗った観測者にとって，ボールは左に曲がりつつ減速している．減速の理由は，ボールがテーブ

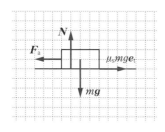

図 21

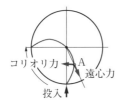

図22

ルの中心に近づくにつれ，テーブルが回転することによる見かけの速度が減るため．

Q 8.5 まずは地球の自転角速度を求める．$\omega = \frac{2\pi}{86400} = 7.27 \times 10^{-5}$ rad/s．質量 m の物体が受けるコリオリ力の大きさは $2mv'\omega \sin\theta = 5.00 \times 10^{-2} m$ [N] となる．向きは，角速度ベクトル ω が北極から真上方向，見かけの速度 v' の方向は東京の位置の地表に沿った真北方向だから，外積は真東(右)の方向である．コリオリ力による運動は加速度 $a = 5.00 \times 10^{-2}$ m/s^2 の等加速度運動で，着弾までの時間を t とすれば，右方向へのズレは $x = \frac{1}{2}at^2$ で求められる．銃弾が的に当たるまでの時間は 1.0 s だから，代入して答は 2.5 cm．意外とバカにならない．

Q 8.6 (1) ω ベクトルは紙面表から裏．放たれたボールにはコリオリ力 $\boldsymbol{F}_C = 2m\boldsymbol{v}' \times \boldsymbol{\omega}$ がはたらく．外積の規則から，力の向きは A から見て左なので，A はそれを相殺するように右を狙う必要がある．

(2) A がテーブルの中心を通るようにボールを投げると，テーブルが回転しているため B は A から見て右に移動する．それを相殺するため A は予め右にボールを投げる必要がある．

第 9 章

Q 9.1 1辺1のタイルを質点と見なし計算する．
$$x_G = \frac{1}{6}\left(\frac{1}{2} \times 2 + \frac{3}{2} \times 3 + \frac{5}{2} \times 1\right) = \frac{4}{3}$$
$$y_G = \frac{1}{6}\left(\frac{1}{2} \times 2 + \frac{3}{2} \times 2 + \frac{5}{2} \times 2\right) = \frac{3}{2}$$

Q 9.2 (1) (2,2) [m]

(2) 質点 A の座標は $(3 + 2t^2, 2)$ [m] と書ける．$x_G = \frac{1}{4}(1 + 1 + 3 + 3 + 2t^2) = 2 + 0.5t^2$ [m]，$y_G = 2$ m．

(3) $\boldsymbol{F} = \begin{pmatrix} 4 \\ 0 \end{pmatrix}$ [N]，$M = 4$ kg なので，質量中心の運動方程式は $4\begin{pmatrix} \frac{d^2 x_G}{dt^2} \\ \frac{d^2 y_G}{dt^2} \end{pmatrix} = \begin{pmatrix} 4 \\ 0 \end{pmatrix}$ [N] で，成分ごとに解けば，x 座標は $x_G = x_0 + v_{x0}t + 0.5t^2$ [m] である．初期条件は $x_G = 2$ m，$\frac{dx_G}{dt} = 0$ だから代入し，$x_G = 2 + 0.5t^2$ [m] を得る．これは (2) の解に等しい．y 座標も同様に解いて，$y_G = 2$ m を得る．これも，(2) の解に一致する．

Q 9.3 板は，その中心にある質点で代表できることに注意せよ．板の右端を原点に取り，移動前，移動後の質量中心の座標をそれぞれ x の関数で表し，等号で結ぶ．
$$x_G = \frac{-\frac{Ml}{2}}{m+M} = \frac{M\left(-\frac{l}{2}+x\right) - m(l-x)}{m+M}$$
x について解けば，$x = \frac{m}{M+m}l$．検算は，$m \ll M$ なら板は動かないので $x = 0$，$m \gg M$ なら今度は人が動かないので，板だけが l 移動する．

Q 9.4 バーを越えるためには，一瞬だけ中央と最低もう1つの質点がバーと同じ高さにいなくてはならない．バーよりさらに上に上げてもクリアは可能だが，これはエネルギー的に得にならないので，図23の方法が最も質量中心が下を通るクリア法である．質量中心の位置は，バーの高さを原点にとれば $y_G = \frac{1}{80}(-1 \times 20) = -0.25$ m．この飛び方が発明されたメキシコ五輪以降，走り高跳びの記録は飛躍的に伸びたそ

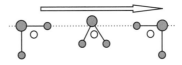

上半身をバーと水平に　越えたら上半身を下げる　今度は下半身をバーと水平に

図23

うだ．

Q 9.5 (1) 作用 - 反作用の法則から，ばねの復元力はおもり 1 とおもり 2 に逆方向で同じ大きさの力を及ぼす．力の大きさは，まずばねの伸びを $(X-l)$ と表し，これにばね定数を掛ける．後は (9.20) を見て，$\mu\dfrac{d^2X}{dt^2} = -k(X-l)$ である．

(2) スタンダードな解法を用いる．(1) の運動方程式を解けば，$X(t)$ の一般解は $X(t) = A\cos\left(\sqrt{\dfrac{k}{\mu}}t\right) + B\sin\left(\sqrt{\dfrac{k}{\mu}}t\right) + l$ (A, B は任意の定数) で，初期条件は $t=0$ で $X = \dfrac{3l}{2}$，$\dfrac{dX}{dt} = 0$ だから，運動は $X(t) = \dfrac{l}{2}\cos\left(\sqrt{\dfrac{k}{\mu}}t\right) + l$．

(3) $t=0$ における質量中心の座標は $x_\mathrm{G} = \dfrac{3}{2}l\dfrac{m_2}{m_1+m_2}$ で，これはこの後変化しない．2 つのおもりの距離が X のとき，おもり 1，おもり 2 は質量中心から測ってそれぞれ $\Delta x_1 = -X\dfrac{m_2}{m_1+m_2}$，$\Delta x_2 = X\dfrac{m_1}{m_1+m_2}$ の位置にある．したがって，$x_1 = \left(\dfrac{3}{2}l - X\right)\dfrac{m_2}{m_1+m_2}$，$x_2 = \left(\dfrac{3}{2}lm_2 + Xm_1\right)\dfrac{1}{m_1+m_2}$．検算は，例えば $m_1 \gg m_2$ として，運動がばねの一端を $x=0$ で固定し，他端に質量 m_2 のおもりを取りつけたときの振動に一致することを確認する．

Q 9.6 換算質量を用いたケプラーの法則，$T = \sqrt{\dfrac{4\pi^2 R^3}{G(m_\mathrm{e}+m_\mathrm{m})}}$ を使う．計算すると $m_\mathrm{e} + m_\mathrm{m} = 6.030 \times 10^{24}$ kg を得る．ここから地球の質量を引けば，$m_\mathrm{m} = 5.8 \times 10^{22}$ kg を得る．実際の月の質量は $m_\mathrm{m} = 7.36 \times 10^{22}$ kg で，かなり大きな誤差がある．地球と月の質量比が大きすぎることが原因だが，むしろ，この方法で質量が求められるほど月は「大きい」と考えるべきだろう．

第 10 章

Q 10.1 (1) $\boldsymbol{L} = \boldsymbol{r} \times m\boldsymbol{v} = 2\begin{vmatrix} \boldsymbol{i} & \boldsymbol{j} & \boldsymbol{k} \\ 1 & 2 & -1 \\ 2 & 3 & -1 \end{vmatrix}$

$= (2, -2, -2)$ [kgm^2/s]

(2) $\boldsymbol{N} = \boldsymbol{r} \times \boldsymbol{F} = \begin{vmatrix} \boldsymbol{i} & \boldsymbol{j} & \boldsymbol{k} \\ 1 & 2 & -1 \\ -2 & 4 & 1 \end{vmatrix}$

$= (6, 1, 8)$ [Nm]

(3) トルクは角運動量の変化率で，これが角運動量と同じ方向なら角運動量の大きさは増加，逆方向なら減少する．その判断は，角運動量とトルクの内積を取り，符号を見ればよい．

$(2, -2, -2) \cdot (6, 1, 8) = -6$．角運動量の大きさは減少する．

Q 10.2 (1) ひもを引いた後の回転速度を v' とする．角運動量保存則から $rmv = r'mv'$．v' について解けば，$v' = \dfrac{r}{r'}v$．

(2) エネルギー保存則が成立しているから，$W = \dfrac{1}{2}mv'^2 - \dfrac{1}{2}mv^2 = \dfrac{1}{2}mv^2\left\{\left(\dfrac{r}{r'}\right)^2 - 1\right\}$．

Q 10.3 m_1 は自由落下しているから，m_1 の質量中心を原点にとった座標系は慣性系ではない．この場合，座標系の加速度は下向きに g で，m_1，m_2 は上向きにそれぞれ $m_1 g$，$m_2 g$ の慣性力を感じる．早い話が，無重力状態となる．したがって，自由落下する物体が回転しないのは，「重力が慣性力でキャンセルされるから」で，トルクがつり合っているからではない．

Q 10.4 図 24 のように，右端に加える力を成分に分解する．棒が静止するためには正味のトルクと合力がどちらもゼロになる必要がある．支点を中心としたトルクのつり合いを計算すると，$F_{\mathrm{R}y} = \dfrac{2F}{\sqrt{2}}$ という条件が成立する．一方，合力ゼロの条件から $F_{\mathrm{R}x} = \dfrac{F}{\sqrt{2}}$ が成立する．したがって，右端から加える力の大きさは $F_\mathrm{R} = \sqrt{F_{\mathrm{R}x}{}^2 + F_{\mathrm{R}y}{}^2} = \sqrt{\dfrac{5}{2}}F$，角度は $\tan\theta = \dfrac{1}{2}$ より $\theta = 26.6°$．

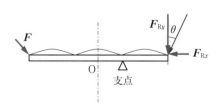

図 24

Q 10.5 棒にはたらく力を図25に図示した．B点を原点としたトルクのつり合いを計算すると，$\frac{l}{2}mg\cos\theta - F_A l\sin\theta - F_{tA} l\cos\theta = 0$ を得る．一方，力のつり合いは，水平方向に対しては $F_{tB} = F_A$，鉛直方向に対しては $F_{tA} + F_B = mg$ が成立する．次に，摩擦力が最大静止摩擦力であることから F_{tA}, F_{tB} がそれぞれ $\mu_1 F_A, \mu_2 F_B$ と書ける．これらを組み合わせれば F_A, F_B が決定できる．

$$F_A = \frac{\mu_2 mg}{1+\mu_1\mu_2}, \quad F_B = \frac{mg}{1+\mu_1\mu_2}$$

これらをトルクのつり合いの式に代入して整理すると，以下の形を得る．

$$\frac{\cos\theta}{2} = \frac{\mu_2 \sin\theta + \mu_1 \cos\theta}{1+\mu_1\mu_2}$$

さらにこれを変形し，$\frac{\sin\theta}{\cos\theta} = \frac{1-\mu_1\mu_2}{2\mu_2}$．滑らない条件は $\theta \geq \tan^{-1}\left(\frac{1-\mu_1\mu_2}{2\mu_2}\right)$．

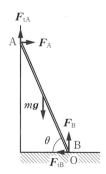

図25

第11章

Q 11.1 (11.15) の積分範囲を R から $2R$ までとして計算すればよい．円板の密度を ρ として，半径 r，半径方向の幅 dr，厚さ t の薄いリングの慣性モーメントは $I_1 = r^2 dm = 2\pi\rho r^3 t\, dr$ である．これを R から $2R$ まで積分すれば，$I = \int_R^{2R} I_1\, dr = 2\pi\rho t \frac{1}{4}[r^4]_R^{2R} = \pi\rho t \frac{15}{2} R^4$ を得る．ここに $\rho = \frac{M}{3\pi R^2 t}$ を代入すれば，$I = \frac{5}{2}MR^2$．

別解 半径 $2R$，質量 $\frac{4}{3}M$ の円板の慣性モーメントは $\frac{8}{3}MR^2$．半径 R，質量 $\frac{1}{3}M$ の円板の慣性モーメントは $\frac{1}{6}MR^2$．これを $\frac{8}{3}MR^2$ から引くと，「質量 M，内半径 R，外半径 $2R$」のリングの慣性モーメントが求められる．

Q 11.2 (1) ひもの張力を T，おもりの加速度を a とすると，$T = mg - ma$ が成立する．一方，滑車の角加速度は $\alpha = \frac{a}{R}$ で，これはひもの張力と $T = \frac{I\alpha}{R}$ の関係にある．これらを連立すれば，$T = \frac{mgI}{I - mR^2}$ と $a = \frac{mgR^2}{I + mR^2}$ を得る．

(2) 運動は等加速度運動だから，加速度がわかってしまえば簡単．初期条件は $t=0$ で $x=0$，$\frac{dx}{dt} = 0$．運動は $x(t) = \frac{1}{2}\frac{mgR^2 t^2}{I+mR^2}$．滑車の慣性モーメントをゼロとすると，おもりの運動が自由落下となることを確認せよ．

Q 11.3 (1) 棒の慣性モーメントは $\frac{1}{3}Ml^2$．トルクは，質量中心に重力が掛かると考えてよいから，$N = \frac{1}{2}Mgl$．∴ $\alpha = \frac{N}{I} = \frac{3g}{l}$．

(2) エネルギー保存則を使う．棒が鉛直になったとき，水平の位置から重力ポテンシャルエネルギーは $\frac{1}{2}Mgl$ 減少する．したがって，$\frac{1}{2}Mgl = \frac{1}{2}I\omega^2 = \frac{1}{6}Ml^2\omega^2$．$\omega$ について解けば，$\omega = \sqrt{\frac{3g}{l}}$．

Q 11.4 (1) 平行軸の定理を使い，$I = \frac{1}{2}MR^2 + Ml^2 + \frac{1}{3}ml^2$．値を代入すれば，2.2 kgm^2．

(2) このように，剛体の1点を回転軸として振動運動させる振り子を**剛体振り子**とよぶ．剛体振り子にはたらく復元力は，剛体にはたらく重力のトルクである．本問の場合，円板と棒，それぞれの質量中心にはたらく重力のトルクを足せばよい．よって $N = -\left(\frac{l}{2}mg + Mgl\right)\sin\theta = -22.1\sin\theta$ [Nm]．$\sin\theta \approx \theta$ の近似を使い，

運動方程式を立てれば $\dfrac{d^2\theta}{dt^2} = -\dfrac{22.1}{2.2}\theta$ である. これは単振動の運動方程式で, 角振動数は $\omega = \sqrt{\dfrac{22.1}{2.2}} = 3.2\,\text{rad/s}$. 周期は $\dfrac{2\pi}{\omega} = 2.0\,\text{s}$.

Q 11.5 角運動量保存則の問題. メリーゴーランドの角運動量は $200\,\text{kgm}^2/\text{s}$, 子供が乗ってもそれは変わらない. 子供が乗った後の系の慣性モーメントは $200 + 25 \times 2^2 = 300\,\text{kgm}^2$. 角速度は $I\omega = I'\omega' \rightarrow \omega' = \dfrac{I}{I'}\omega = 0.67\,\text{rad/s}$.

Q 11.6 まずは, 定量的な扱いを可能とするために物理量を定義する. 図26のように, 棒は長さ l, 質量を M とする. ボールは質量 m で, 速度 v で真横から当たるものとする[†30]. 衝突後のボールの速度は v' となり, 棒は角速度 ω で回転を始める. ボールが当たる位置を棒の下端から測り x とする.

自然な定義として, 原点 O を回転軸に取る. このとき, 系の角運動量は保存するが, 一般に運動量は保存しない. なぜなら, 棒は軸に固定されているため, 棒と軸が力積を交換するためである. これが, 例題 11.10 の「質問」に対する解答となっている.

ところが, ボールがある特定の位置に当たったときだけ, 運動量も保存することが示せる. このときは当然の帰結として, 軸には力がはた

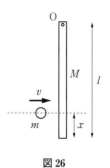

図 26

らかない. これが「スイートスポット」である. では計算しよう.

角運動量保存則から
$$mv(l-x) = mv'(l-x) + \dfrac{1}{3}Ml^2\omega \tag{1}$$
が成立する. 一方, 運動量保存則は,
$$mv = mv' + \dfrac{1}{2}Ml\omega \tag{2}$$
である. ここで $\dfrac{1}{2}Ml\omega$ は, 棒が回転を始めるとその質量中心が $\dfrac{1}{2}l\omega$ で運動することから得られる. このとき, (1)と(2)を同時に満たす x は 1 つに定まる. 連立して解けば, $x = \dfrac{l}{3}$ を得る.

[†30] 斜めの衝突でも力積は棒に垂直だから, この仮定で一般性は失われない.

参 考 文 献

[1] 兵頭俊夫 著：「考える力学」（学術図書出版社，2001 年）．

[2] 高木隆司 著：「裳華房フィジックスライブラリー 力学（II）」（裳華房，2001 年）．

[3] 川村康文，鳥塚潔，山口克彦，細田宏樹 共著：「KS 物理専門書 わかりやすい理工系の力学」（講談社，2011 年）．

[4] 副島雄児，杉山忠男 共著：「講談社基礎物理学シリーズ 力学」（講談社，2009 年）．

[5] Arnold J. Sommerfeld 著，高橋安太郎 訳：「理論物理学講座 I 力学」（講談社，1969 年）．

[6] 後藤憲一，山本邦夫，神吉健 共編：「詳解 物理学演習 上」（共立出版，1967 年）．

[7] Raymond A. Serway 著，松村博之 訳：「科学者と技術者のための物理学 Ia 力学・波動」（学術図書出版社，1997 年）．

[8] Raymond A. Serway 著，松村博之 訳：「科学者と技術者のための物理学 Ib 力学・波動」（学術図書出版社，1997 年）．

索 引

英文字

GPS 115
grad（勾配） 53
rot（回転） 50
SI（国際単位系） 17
v–t グラフ 20

ア

アトウッドの器械 36
安定なつり合い 141

イ

位置ベクトル 6
一般解 43
一般相対性理論 115

ウ

宇宙遊泳 121
運動 28
── の法則 22
運動エネルギー 47
運動方程式 22,24
運動量 60
── 保存則 61

エ

エアバッグ 71
エネルギー 45
── 保存則 56
エレベーター 104,115
遠心力 105
円錐振り子 78
円筒座標 7

オ

オイルダンパー 93

カ

回転（rot） 50
回転数 74

外力 62
角運動量 129
── 保存則 135
角加速度 74
角振動数 87
角速度 74
── ベクトル 109
過減衰 94
傘 139
加速度 19
滑車 35
換算質量 124
慣性系 23,100
慣性質量 115
慣性抵抗 37
慣性の法則 22
慣性モーメント 146,149
慣性領域 37
慣性力 100
── フローチャート 114
完全非弾性衝突 68

キ

ギター 95
基本単位 17
共振 97
強制振動 96
共役複素数 89
極座標 6,7
曲線座標系 92
キログラム 1

ク

組立単位 17
クーロンの法則 57

ケ

系 62
撃力近似 63
ケプラーの法則 79
原始関数 12

減衰振動 95

コ

向心加速度 77
向心力 77
拘束力 31
剛体 117
── の回転運動 145
── の静止平衡 137
── の平面運動 156
剛体振り子 175
勾配（grad） 53
合力 24
国際単位系（SI） 17
弧度法（ラジアン） 73
固有振動数 89
コリオリ力 107
ゴルフ 71
転がり運動 157

サ

斉次微分方程式 42
最大静止摩擦力 34
サスペンション 94,99
座標系 6
作用 – 反作用の法則 22

シ

ジェットコースター 85,112
次元 17
── 解析 17
仕事 45
仕事 – エネルギー定理 48
仕事率 46
地震 97
指数関数的減衰 39
自然哲学の数学的諸原理（プリンキピア） 22
シーソー 137
質点 22
質点系 116

質量中心　116
時定数　39, 95
自動車　57, 99
射撃　113
周期　74, 87
重心　116
終端速度　39
重力　28
　　――のトルク　138
重力加速度　28
重力質量　115
ジュース缶　158
ジュール　45
準静的（ゆっくり）　47
衝突　63
初期位相　87
初期値問題　25
人工衛星　81, 123
振動運動　86
振動数　87
振幅　87

ス

推進剤　122
垂直抗力　30
スイートスポット（真芯，打
　　撃の中心）　161
スカラー場　53
スカラー量　2
スペースコロニー　106

セ

静止平衡　137
静止摩擦係数　34
静止摩擦力　33
制動ダンパー　97
成分表示　9
積の微分　11
積分　11
積分定数　13
線形微分方程式　42
全力学的エネルギー　54

ソ

相対運動　124

速度　19
速度交換　67

タ

第1宇宙速度　82
第2宇宙速度　84
台風　71
打撃の中心（スイートスポッ
　　ト，真芯）　161
多世界解釈　27
ダッシュポット　93
単位　1
単位ベクトル　8
単振動　87
弾性衝突　67
弾道振り子　69, 136
単振り子　91, 155

チ

力　28
　　――のモーメント（トル
　　ク）　131
中心力　73
張力　35
調和振動　87
直交座標（デカルト座標）
　　6, 7
直交軸の定理　154

ツ

月　79, 85, 125, 128

テ

定性的　2
定積分　11
定量的　2
デカルト座標（直交座標）
　　6, 7

ト

ドアクローザー　94
等価原理　115
等加速度運動　23
等速円運動　74
等速直線運動　22

動摩擦係数　34
動摩擦力　33
特殊解　43
特殊相対性理論　115
特性方程式　43
トルク（力のモーメント）
　　130

ナ

内積　3
内力　62

ニ

2体問題　123
ニュートン　23
　　――のゆりかご　67
ニュートン力学　22

ネ

猫ひねり　143
粘性抵抗　37
　　――係数　38
粘性領域　37

ハ

走り高跳び　128
花火　57
はね返り係数　65
ばね定数　32
ばねの復元力　32
速さ　19
反発係数　67
万有引力　28, 79, 114
万有引力定数　79

ヒ

非慣性系　100
非斉次微分方程式　42
非線形微分方程式　42
非弾性衝突　68
微分　11
微分方程式　24, 42
非保存力　48
ひも　35
秒　1

ビリヤード 70

フ

不安定なつり合い 141
フィードバック 141
不確定性原理 27
復元力 32
フックの法則 32
物理量 1
不定積分 12
ブランコ 97
振り子 91, 155
—— の等時性 18, 92
プリンキピア（自然哲学の数学的諸原理） 22

ヘ

平行軸の定理 152
ベクトル場 50
ベクトル量 2
—— の微分 14
変数分離法 42
偏微分 14

ホ

放物運動 29
放物線 30
保存力 48
ポテンシャルエネルギー 51

マ

摩擦力 33
真芯（打撃の中心，スイートスポット） 161

ミ

右手系 132

メ

メートル 1
メートル法 17
面積速度 79, 130

ヤ

やじろべえ 140

ユ

ゆっくり（準静的） 47

ラ

ラジアン（弧度法） 73
ラプラスの魔 26

リ

力学的エネルギー保存則 53
力学的仕事 45
力積 59
力積 – 運動量定理 61
臨界減衰 94
りんご 79

レ

レイノルズ数 37

ロ

ロケット工学 122
ロケット方程式 122

ワ

惑星の運動 79, 124
ワット 46
和の微分 11

著者略歴

遠藤雅守(えんどう まさもり)

1965年，東京都に生まれる．慶應義塾大学理工学部電気工学科卒，同大学院博士課程修了．三菱重工業(株)，東海大学工学部非常勤講師，同大学理学部専任講師を経て，現在，東海大学理学部教授．博士(工学)．
専門：レーザー装置全般，特に気体レーザーと光共振器．
主な著書："Gas lasers"(共著 CRC Press)，「理系人のための関数電卓パーフェクトガイド」(とりい書房)，「マンガでわかる電磁気学」(オーム社)，「電磁気学」，「電磁波の物理」(以上 森北出版)，「微分方程式と数理モデル」(裳華房)．

法則がわかる力学

2018年 5月20日 第1版1刷発行

検印省略	著作者	遠　藤　雅　守
	発行者	吉　野　和　浩
定価はカバーに表示してあります．	発行所	東京都千代田区四番町8-1 電　話　03-3262-9166(代) 郵便番号　102-0081 株式会社　裳　華　房
	印刷所	中央印刷株式会社
	製本所	牧製本印刷株式会社

社団法人
自然科学書協会会員

JCOPY　〈(社)出版者著作権管理機構 委託出版物〉
本書の無断複写は著作権法上での例外を除き禁じられています．複写される場合は，そのつど事前に，(社)出版者著作権管理機構(電話03-3513-6969，FAX03-3513-6979，e-mail:info@jcopy.or.jp)の許諾を得てください．

ISBN 978-4-7853-2261-8

Ⓒ 遠藤雅守, 2018　　Printed in Japan

大学生のための 力学入門

小宮山 進・竹川 敦 共著　Ａ５判／２色刷／220頁／定価（本体2200円＋税）

既に完成された体系を解説する形式ではなく，読者自身が力学上の問題を自分で考え，自ら法則を発見するように導くことを目指した．また，基本法則から導かれる中間的な法則が数多く存在し，その法則同士の関連も極めて重要であることから，本書では法則の導出方法も丁寧に示すことで，より基本的な法則との関連をはっきり示すように心掛けた．

さらに，読者が誤解しやすい箇所は，「直観的な考察」と「正しい導出方法」を比較して解説するなど，随所に本書独自の工夫を施した．

【主要目次】1. 力学の法則　2. 極座標による運動の記述　3. いろいろな運動　4. 強制振動と線形微分方程式の一般的な解法　5. 加速度系　6. エネルギーの保存　7. 質点系　8. 剛体の力学

本質から理解する 数学的手法

荒木　修・齋藤智彦 共著　Ａ５判／210頁／定価（本体2300円＋税）

大学理工系の初学年で学ぶ基礎数学について，「学ぶことにどんな意味があるのか」「何が重要か」「本質は何か」「何の役に立つのか」という問題意識を常に持って考えるためのヒントや解答を記した．話の流れを重視した「読み物」風のスタイルで，直感に訴えるような図や絵を多用した．

【主要目次】1. 基本の「き」　2. テイラー展開　3. 多変数・ベクトル関数の微分　4. 線積分・面積分・体積積分　5. ベクトル場の発散と回転　6. フーリエ級数・変換とラプラス変換　7. 微分方程式　8. 行列と線形代数　9. 群論の初歩

力学・電磁気学・熱力学のための 基礎数学

松下　貢 著　Ａ５判／242頁／定価（本体2400円＋税）

「力学」「電磁気学」「熱力学」に共通する道具としての数学を一冊にまとめ，豊富な問題と共に，直観的な理解を目指して懇切丁寧に解説．取り上げた題材には，通常の「物理数学」の書籍では省かれることの多い「微分」と「積分」，「行列と行列式」も含めた．

【主要目次】1. 微分　2. 積分　3. 微分方程式　4. 関数の微小変化と偏微分　5. ベクトルとその性質　6. スカラー場とベクトル場　7. ベクトル場の積分定理　8. 行列と行列式

大学初年級でマスターしたい 物理と工学の ベーシック数学

河辺哲次 著　Ａ５判／284頁／定価（本体2700円＋税）

手を動かして修得できるよう具体的な計算に取り組む問題を豊富に盛り込んだ．

【主要目次】1. 高等学校で学んだ数学の復習 －活用できるツールは何でも使おう－　2. ベクトル －現象をデッサンするツール－　3. 微分 －ローカルな変化をみる顕微鏡－　4. 積分 －グローバルな情報をみる望遠鏡－　5. 微分方程式 －数学モデルをつくるツール－　6. ２階常微分方程式 －振動現象を表現するツール－　7. 偏微分方程式 －時空現象を表現するツール－　8. 行列 －情報を整理・分析するツール－　9. ベクトル解析 －ベクトル場の現象を解析するツール－　10. フーリエ級数・フーリエ積分・フーリエ変換 －周期的な現象を分析するツール－

物理数学　［裳華房テキストシリーズ - 物理学］

松下　貢 著　Ａ５判／312頁／定価（本体3000円＋税）

【主要目次】Ⅰ. 常微分方程式（1階常微分方程式／定係数2階線形微分方程式／連立微分方程式）　Ⅱ. ベクトル解析（ベクトルの内積，外積，三重積／ベクトルの微分／ベクトル場）　Ⅲ. 複素関数論（複素関数／正則関数／複素積分）　Ⅳ. フーリエ解析（フーリエ解析）

裳華房ホームページ　https://www.shokabo.co.jp/